［美］

KATE
ZHOU

——

著

我爱手袋

SPM 南方出版传媒·花城出版社

中国·广州

新经典文化股份有限公司
www.readinglife.com
出 品

前言　我和手袋的缘分

美国康州有一条二战前修的小公路叫莫利特公园大道（Merritt Parkway），弯弯曲曲风景如画，是从我家到纽约的必经之路。2008 年 2 月初的一天，我开车从纽约回家，从 55 号出口下来，在路边堆满积雪的停车场跟客户开电话会议。作为管理咨询师，我不知多少次在机场、酒店、餐厅、停车场等既奇怪又正常的场合开会。但我知道这是最后一次，因为我刚刚提了辞职信。两周后，我由德勤咨询（Deloitte Consulting）的管理咨询师变成凯特周手袋的创始人兼设计师手袋买手。

十年弹指一挥间，世事百变，对的事却可以不变。如今凯特周手袋（更名为凯特周设计师精品）还在，虽然并没有取得辉煌的成功，但也一步一个脚印地发展到当初自己不曾想象的规模。我依然是手袋买手，如果不担心有自夸的嫌疑，或许是中国最资深的设计师手袋买手。十多年里我去纽约拜访设计师、预览新品、参加展会，在莫利特公园大道上上下下开过三百多个来回，每次经过 55 号出口还会想起那个白雪皑皑的冬日。

我的"手袋事业"从博客开始。十几年前博客流行的时代，我是一名爱包的小资女性，也是美国著名博客"包包博客"（Purse Blog）的忠实读者，最爱看明星街拍和设计师新款介绍。2007 年 9 月一个周五的下午，我突发奇想，不如模仿 Purse Blog 在人气正旺的新浪上开一个包包博客。于是我立即在电脑上安装汉字输入法，注册新浪账号，为自己取名"包小姐"（由 Miss Purse 翻译而来），为博客取名"靓包博客"。当时的我已在英文环境里生活了十几年，对中文倍感生疏，否则或许不会用"包小姐"这样一个事后看来充满歧义的网名。第一篇博客写得非常挣扎，折腾了几个小时，总算把自己对包包的喜爱表达出来。下面是博客里的一段话：

尽管有的包包动辄几千几万，买不起，可还是喜欢。靓包是我清晨的那杯缺不了的咖啡，是雨后窗外的那一道意外的彩虹，是百看不厌的《欲望都市》和"*You've Got Mail*"（电影《电子情书》），是我永远的inspiration。一句话，包包里有美，有艺术，有文化，有故事。

这么多年过去，阅包无数的我每次看到美包，还是会肾上腺素飙升，幸福感油然而起。为什么如此喜欢包，自己也不太清楚，"女人都喜欢包"或许是个好答案。

有些朋友可能很难相信，我曾经是一名计算机软件工程师，做过创业公司技术骨干，对 C++ 语言驾轻就熟。我从小是个幸运的孩子，父母给我很多爱和支持，我也懂得循规蹈矩不让父母操心。用《纽约时报》专栏作家大卫·布鲁克斯（David Brooks）的话来说，我把别的孩子用来叛逆的精力用来取悦成年人。我非常幸运地考上清华大学，修电机工程专业。毕业后留学美国，修计算机工程专业。硕士毕业时正值美国互联网大发展时期，新工作如雨后春笋般涌现，我也在大潮中顺利找到工作，然后结婚买房，过上中产阶级生活，实现了很多人眼中的"美国梦"。就这样我顺顺当当却稀里糊涂地活到 30 岁，做着自己喜欢但不算热爱的工作，和自己喜欢但不算热爱的人生活在一起。

终于有一天，我想或许可以改变一下人生。于是辞职，离婚，卖房子，来到几千里之外的得克萨斯大学奥斯汀分校（University of Texas at Austin）读工商管理专业（MBA）。从商学院毕业后，我想从事奢侈品或者消费品领域的市场营销，但由于缺乏相关背景，没有找到合适的工作。于是我去德勤咨询做管理咨询师。选择管理咨询是因为这个工作能让我接触到很多行业和五百强公司，专业面广，挑战性强。我喜欢有趣并且难做的工作。

对我的职场选择影响最大，或者说把我带入时尚业的人是晓雪。晓雪是中文版《世界时装之苑》（ELLE China）的主编，中国时尚界最有权威的人物之一。我这样说或许有蹭名人的嫌疑，但我们确实是一起长大的朋友，小时候住同一个单元楼。2004 年初，晓雪来纽约出差，我逃课跑过去蹭吃蹭住蹭 party。短短的几天让我看到，时尚对我来说可以不仅仅是阅读时尚杂志和逛街购物，作为职业一定充满乐趣和挑战。

找到喜欢的事业固然需要耐心和运气，对我来说也特别需要感恩朋友的帮助。我开始写博客之后，有一天晓雪读到其中的一篇，觉得不错便转载在自己的博客里。结果她的读者蜂拥而至，我的博客阅读量猛增。当时我正在纽约做一个咨询项目，半夜 12 点我们项目组在酒店大堂修改 PPT，我一边在电脑上工作一边刷新浪博客，只见阅读量噌噌往上涨。我给一起工作的合伙人看，他表示非常震惊，说没想到你是时尚达人啊。我说，嗯，或许真的可以做点什么。

那年年底，我回国逛商场，发现手袋类除了万元以上的奢侈品牌，就是胡乱抄袭、毫无品位的无名品牌，独立设计师这个在美国发展很快的品类完全不存在。我替国内消费者难过的同时也看到一个很大的市场空白。根据我在商学院学到的知识和管理咨询经验，我判断这是一件基本靠谱的事，可以做。

做起来当然是难的。提到独立设计师，所有人都问这是什么？很多朋友担忧地对我说，谁会买这些毫无名气的品牌呢？很显然，培养市场和教育消费者的工作需要从头做起。往事不堪回首，想起那些年经历的打击和挫败、失望和绝望，有时我也想不通自己和同事们是怎么熬过来的。好在终于拨云见日，盲目追求大牌已成为遥远的过去，轻奢和设计师品牌已成为时髦女性表达审美的首选。

那么在这本书里，我想跟读者谈些什么？

作为中国最早的设计师手袋精品店创始人、从业十余年的手袋买手，我跟几百位设计师讨论过他们的设计和产品，每年完成数十个品牌的几百单订货。或许我可以谈谈设计师和他们的设计，谈谈层出不穷的 It Bag，谈谈新媒体对手袋设计的影响，等等。

作为拥有 100+ 个包包的资深爱包女性，兼备多年客服经验，我对包包搭配颇有心得，也对选购包包充满热情和理性。或许我可以谈谈我的搭配心得、购物经验、包包消费者经常遇到的问题，等等。

作为每年阅读 20+ 本历史书的历史爱好者,我深信时尚全面反映一个时代的经济、政治和文化,因此是一种历史的见证。或许我可以谈谈手袋的历史、手袋和女性独立的关系、我钦佩的强大女性的手袋、历史悠久的传奇手袋,等等。

作为视觉控和艺术史爱好者,或许我可以谈谈艺术品手袋、古董手袋、装饰手袋,等等。

作为流行文化的追随者,或许我可以谈谈影视剧里的手袋、街拍手袋、网红手袋,等等。

总之,这是一个难得的聊天机会。我期待倾我所有,把自己的知识、经验、审美和观点,认真地跟朋友们分享。

| Charlotte Chen / 绘

目 录 | *Contents*

历史与经典

恋恋手袋：女人与包的情缘

日前读到一篇有趣的口红广告，给读者针对见面对象选择色号的建议。比如见前男友要用魅惑而决绝的巴黎红，见闺蜜要用可爱温柔的蜜桃粉。我不知道男人和女人第一次见面时，是否会首先注意到女人的口红，但是女人和女人第一次见面，两人定会首先注意到对方的手袋。

手袋是女人的橱窗，向世人展示她的审美、品位和风格。虽然衣服、鞋子、首饰甚至围巾和墨镜也能发挥相似的作用，但是手袋的地位似乎更为特殊。或许是因为手袋不受身材的限制，从而能够更加直接地注解女人的风情；或许是因为手袋装载女人的必需品，不仅仅有钱包、手机和口红，也有家人的照片和那片救命的过敏药，从而给女人安全感；又或许是因为手袋时刻陪伴主人，跟随她在水泥丛林里征战，见证她一天天成长，从而给女人成就感。

手袋和女人之间的关系极为深远。从历史的角度来看，手袋发展史就是一部女性发展史。

原始社会，男人狩猎，女人采集。女人采集粮食的篮子演进为今天的手袋。而狩猎的男人把石头和弹弓带在身上，于是出现了衣服口袋，也被男人沿用至今。

手袋似乎在远古时期就出现了。纽约大都会博物馆里有一组公元前

9 世纪的浮雕，来自美索不达米亚平原的亚述王国（现今伊拉克北部）。其中一座浮雕上有一个天使，他有丰满的翅膀、健美的身材、长及脚踝的衣衫，手里拎着一只包包。虽然人们不确定这个看起来像包包的物件到底是不是用来装东西的，但这块亚述浮雕上的包包被公认为人类历史上最早的手袋造型。

到了 18、19 世纪，欧洲女人随身携带一只小小的囊袋，多以绸缎、亚麻或者天鹅绒为面料，装饰得花团锦簇，务必和衣装搭配。囊袋用细绳收口，松松地挂在淑女的手腕上，里面装着女人的必需品 —— 零钱、香精油和调情用的小扇子。一张 1800 年的时装画里，一位巴黎女性带着三个孩子在公园里玩耍。只见这位女性衣着精致，红衣白裙，戴着黄色的帽子和手套，拎一只红黄相间的六角形包包——衣装和包包搭配得完美和谐。

19 世纪末到 20 世纪初，第二次工业革命业已完成，人类不但发

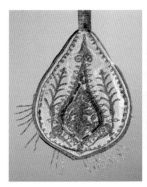

1790 年的女士手包
大都会博物馆里的亚述浮雕

1926 年的豹纹信封手包，
其简洁大方的款式与当代的手包款式毫无二致

明出先进的交通工具——火车和汽车，还创造出女人最喜爱的活动场所——百货公司。这两类新生事物导致长途旅行和逛街购物成为女性最时髦的生活方式。旅行和购物的女人们需要一个容量略大的、既结实又耐用的包包，不仅能装现金、钥匙和手套，还能装嗅盐、香水和化妆品，最好再配有一个暗袋，用来藏纳倾慕者的情书。Hermès、Louis Vuitton、Gucci 等几个颇有名气的皮具老店，为迎合市场需求，纷纷把大号旅行包和马具包缩小，做成皮革材质的女士手袋。这个时代设计出来的几个经典款式流传至今，比如 Hermès 的 Bolide（1923 年）和 Louis Vuitton 的 Speedy（1930 年）。

1920 和 1930 年代是女性觉醒的时代，也是手包辉煌的时代。第一次世界大战后，女性逐渐走出家庭、走入职场，并为自己争得了投票选举权，第一次感受到经济和政治独立带来的前所未有的自由。腰杆硬起来的女人醒悟到自己的价值不再仅仅来自于美貌和生育，而是多元和深刻的，并且具有极大的潜力。此时的女人对奢华繁复的设计暂时失去兴趣，转而青睐简洁的线条和略带中性的款式。这个时代的手包，优雅现代的设计让人耳目一新，非常准确地体现出新时代女性的审美。

战争是时尚的克星。第二次世界大战期间，巴黎被纳粹德国占领，时装屋关的关、搬的搬，服装和手袋成为功能性的必需品，人们无暇顾及美貌和风格，实用和省料才最为重要。战争过后的欧洲虽然满目疮痍，百废待兴，女人们却迫不及待地试图摆脱战争的阴影，展现女性光彩。1947 年克里丝汀·迪奥（Christian Dior）推出的新风貌（New Look）时装系列缅怀维多利亚和爱德华年代风情，尽情突出女性曲线，奢侈地使

用大量布料，似乎要狠狠地补偿战时的匮乏。在时装的带动下，1940、1950 年代也是手袋发展的黄金时期，几款流芳百世的手袋都出自这个年代，包括 1947 年的 Gucci 竹节包、1955 年的 Chanel 2.55 和 1956 年的 Hermès Kelly Bag。

1960 和 1970 年代，反传统和反特权的青年文化是这个时代的全球主题。此时，女性装扮从成熟淑女型转变为青春少女型。英国设计师玛莉官（Mary Quant）的超短裙是六七十年代时髦女郎的经典形象。一位美国女演员幽默地回忆说："我二十岁时打扮得像我妈妈，三十几岁时却打扮得像我女儿。"这个时代的手袋风格顺应女性的新时尚，运用醒目的几何图案和对比强烈的色彩搭配，采用各种新颖的塑料材质，非常具有未来感。

进入 1980 年代，保守主义的里根和撒切尔夫人同时登台，被摒弃多年的物质主义粉墨回潮。男人们把束之高阁的"裁缝街"（Savile Row，位于伦敦，是一条有两百年历史的小巷，也是高级定制男装店的聚集地）西装拿出来，女人们则纷纷脱掉波希米亚印花长裙。此时西方女性已经在职场打拼半个多世纪，终于进入企业和政府的高层，女强人正式出炉。在这个崇尚物质和权力的年代，手袋极力表现女人的身份和地位。于是奢侈品牌 logo 大行其道，耀眼夺目的暴发户风格比比皆是。卡尔·拉格斐（Karl Lagerfeld）把 Chanel 2.55 低调的锁扣换成醒目的双

1966 年奥黛丽·赫本的 Louis Vuitton Speedy

"C" logo，并改名为 Classic Flap。也在这个年代，铁娘子撒切尔夫人的黑色菲拉格慕（Ferragamo）手袋成为权威的象征。传说撒切尔夫人每次去议会大厅开会，把包包往桌上重重一放，议员们立刻噤若寒蝉。由于这个典故，英文中的"手袋"（handbag）可作动词来用，用来表现女性政治家对待政敌的强硬态度。

经历了 1980 年代的拼搏和强悍，1990 年代的女人似乎放松下来，她们开始认真考虑自己的喜好和感受，不再介意别人的眼光。因此 1990 年代的时尚并没有压倒一切的主流风格，而是百鸟齐鸣——Donna Karan 的简约和优雅、Calvin Klein 的青春和性感、Ralph Lauren 的精英和怀旧、Franco Moschino 的谐趣和恶搞……休闲风、街头风和混搭风也在 1990 年代兴起。手袋的商业化趋势继 1980 年代以来愈加强劲，强势的营销是造就 It Bag 不可或缺的因素。1995 年，黛安娜王妃让端庄优雅的 Lady Dior 一夜成名。Fendi 小巧玲珑的 Baguette 于 1997 年诞生，装饰得美轮美奂，几年后借《欲望都市》成为新经典。

美国演员米娅·法罗的 Chanel 2.55
1967 年英国时装设计师玛莉官的超短裙
撒切尔夫人的黑色 Ferragamo 手袋

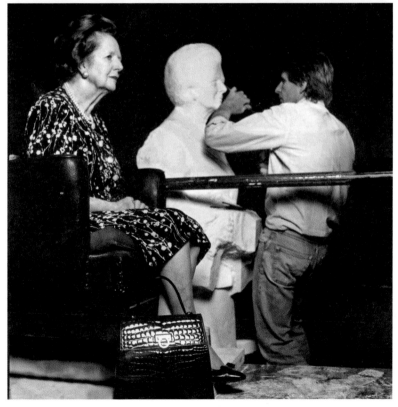

2010 年的 Celine Classic Box 开启淑女和复古风潮
2012 年秋冬款 Gucci 竹节包

21 世纪的女人进一步走出性别的束缚,拥有选择人生的能力和权利。她们既可以选择全力以赴在职场发挥才干, 也可以选择回归家庭享受亲子快乐。这个年代的手袋风格更加百花齐放:既有优雅端庄的, 也有潇洒帅气的;既有柔美淑女的, 也有阳刚中性的;既有花团锦簇的, 也有简约大气的;既有幽默风趣的, 也有严肃认真的。21 世纪的想象力层出不穷, 产出的 It Bag 越来越多, 消费者的注意力却越来越难以驻留。

　　今天我们处在一个女性竞选总统的时代, 也处在一个崇尚梦想的时代。无论梦想是什么——拼搏事业、赢得爱情、经营家庭, 还是开一家咖啡店、写一本书、掌握一门外语, 只要你肯付出努力, 哪怕今天的你一无所有, 明天的你一样可以坐拥世界。包包代表的正是女人的梦想。一只美丽的包包, 就像灰姑娘的水晶鞋, 拥有它, 你就成了王子的心上人。

百年手袋品牌

　　如果说 21 世纪科技进步的关键词是互联网，那么 19 世纪科技进步的关键词则是蒸汽火车。21 世纪的互联网改变了人们的生活方式，动动手指获取信息，足不出户看世界；19 世纪的蒸汽火车也改变了人们的生活方式，长途旅行由梦想变成现实，坐上火车看世界。

　　第一批享受火车旅行的人是欧洲和北美的富裕阶层——贵族、商人和在工业革命中发迹的企业家。不仅旅行本身成为时尚，人们也期待以时尚的方式旅行。什么是时尚的旅行方式？绅士淑女在旅行中一如既往地穿戴优美，用度精致，礼仪讲究，娱乐高雅，而无须因陋就简。维多利亚时代的女性衣装繁复，礼服、衬裙和帽子极占空间，需要大量漂亮、结实、好用的行李箱来收纳存放。于是，很多行李箱作坊在 19 世纪如雨后春笋般涌现。

　　英国是工业革命时代的先驱和领袖，所以伦敦的 H. J. Cave & Sons 被公认为奢华旅行箱的鼻祖不足为奇。H. J. Cave 创立于 1839 年，至 1940 年代一直是英国王室的指定旅行箱提供商（Royal Warrant of Appointment）。他家的创新产品 Osilite 旅行箱以平顶取代传统的拱顶，深受客户欢迎。这个平顶旅行箱的设计也启发了路易·威登（Louis Vuitton），他于 1858 年推出著名的 Trianon 平顶旅行箱。Gucci 创始人古琦欧・古琦（Guccio Gucci）在伦敦萨沃伊酒店（Savoy Hotel）做门童的时候，注意到 H. J. Cave 和 Louis Vuitton 的平顶旅行箱适合叠放，随后回到故乡佛罗伦萨制作和售卖皮具，产品也有平顶旅行箱。

　　19 世纪的奢华旅行箱作坊，大多数在时代变迁中不复存在，但也有极少数不但生存下来，还在 20 世纪女性设计师手袋的时代不断发展和创新，成为今天手袋奢侈品牌的先驱。下面我挑选了九个百年手袋品牌，按照时间顺序，简略讲述它们的历史和对手袋发展的贡献。

Louis Vuitton 在品牌 150 周年庆典活动中展示的古董平顶箱

Delvaux（1829 年）

九个百年手袋品牌中历史最悠久的 Delvaux 创立于比利时，而不是经济和文化更发达的法国、意大利或西班牙。

Delvaux 也宣称自己是世界上最古老的高档皮具品牌，虽然只比第二名 Hermès 领先不到十年，这个最早的称号却是当仁不让的。1829 年，就在比利时脱离荷兰宣布独立的前夕，查尔斯·德尔沃（Charles Delvaux）在布鲁塞尔开设了旅行箱包店。1883 年，Delvaux 成为比利时皇家指定旅行箱提供商。可惜好景不长，一战后 Delvaux 每况愈下，于 1933 年易主，被农业工程师弗兰兹·施文尼克（Franz Schwennicke）买下。

1958 年，Delvaux 推出 Le Brilliant，这款包包的姿态有如一尊丰满而端庄的女神像，标志性 D 型扣祥像一颗硕大的宝石。经典如是，难怪

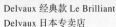

Delvaux 经典款 Le Brilliant
Delvaux 日本专卖店

她至今依然是品牌的主打款。1970 年弗兰兹·施文尼克去世，妻子索兰格（Solange Schwennicke）接管企业。接下来一二十年品牌发展顺利，相继于 1970 年代推出 Le Pin，于 1980 年代推出 Lucifer。两款手袋反响不俗，均成经典。2011 年香港利丰集团收购 Delvaux 大部分股权，此后品牌高速扩张，进入全球奢侈品消费者的视野。近年来，Delvaux 手袋在韩剧中的高频率出现为品牌赢得亚洲顾客的青睐。我曾在米兰见到 Delvaux 专卖店闭店接待中国媒体，足见品牌对中国市场的依赖。

Hermès（1837 年）

Hermès 早已家喻户晓，是奢侈品牌中名副其实的圣杯。中文被翻译为铂金包的 Birkin Bag 更以长达几年的待货排队成为都市传奇。如此如雷贯耳的品牌，其创始的经历可谓平淡无奇，与同时代的其他品牌

大同小异。1837 年，36 岁的法国人蒂埃利·爱马仕（Thierry Hermès）在巴黎创立马具品店，为欧洲贵族提供马鞍、笼头、套具等用品。此后的大半个世纪中，Hermès 凭借高尚品质和精湛工艺享誉欧洲。1920 年代 Hermès 推出女士手袋，随即扩展到丝巾、手表、成衣等领域，直到今天成为全品类奢侈品牌。然而跟其他百年奢侈品牌有所不同的是，Hermès 的控制权始终掌握在家族手中。

摩纳哥王后格蕾丝·凯利 1956 年在费城宣布订婚时手拿以她的名字命名的 Kelly Bag

Hermès 的历史被很多人在很多场合讲过，此处不再赘述，但是该品牌对手袋发展的两大贡献值得一提。第一，Hermès 是第一个在手袋上采用拉链的品牌。1923 年，Hermès 的第二代掌门人埃米 - 莫里斯·爱马仕（Emile-Maurice Hermès）为方便太太坐汽车而设计了一款包包，命名为 Bolide。这款包包有一个非常新颖的功能——拉链，立即受到客户的欢迎。从此既好用又安全的拉链成为现代手袋的基本元素。第二，Hermès 是第一个以明星命名手袋的品牌。1956 年，怀有身孕的摩洛哥王后格蕾丝·凯利（Grace Kelly）走下飞机，为防止被记者拍到，用一只 Hermès 黑色包包挡住腹部。没想到刊登在生活杂志上之后，照片里的包包一夜走红，Hermès 随后把这款手袋命名为 Kelly Bag。

Loewe（1846 年）

如果说 Zara 把快时尚做到极致，是西班牙品牌的骄傲，那么 Loewe 则代表西班牙的传统和文化，同样是西班牙品牌的骄傲。1846 年，数名皮具工匠在马德里组建了一间作坊，三十年后，德国工匠恩里克·罗斯伯格·罗意威（Enrique Roessberg Loewe）加入该作坊，以自己的名字正式创立 Loewe。1905 年，Loewe 被西班牙国王阿方索十三世指定为西班牙皇室皮具供应商。1996 年，Loewe 被奢侈品集团 LVMH 收购。

Loewe Puzzle Bag
Loewe 2018 年春夏推出的 Gate Bag 有望成为又一款 It Bag

Loewe 是一个相对低调的奢侈品牌，但也为手袋史贡献了两款 It Bag。一款是 1975 年推出的 Amazona Bag，另一款是明星创意总监 J. W. 安德森（J. W. Anderson）于 2013 年上任后推出的 Puzzle Bag。Amazona Bag 生命力顽强，自问世以来凭借其简洁大气的设计默默得到消费者的认可，更于 2010 年代初强势回归，登上最具人气手袋榜单。Puzzle Bag 的成功则对 Loewe 意义重大，因为她撼动了 Loewe 的品牌形象，使其回到时髦人群的视线里，并吸引到对品牌非常重要的千禧一代顾客。

Moynat（**1849 年**）

Moynat 或许是九个百年品牌中最不为人所熟知的，这是因为 Moynat 曾经沉寂良久，近年来才起死回生。1849 年，Moynat

创立于巴黎，创始人是销售旅行商品的宝莲·摩纳（Pauline Moynat）和制作旅行箱的库朗比耶（Coulembier）一家。宝莲·摩纳也是百年品牌中唯一的女性创始人。从创立之日起，Moynat 就专注于汽车旅行箱，屡有革新，并多次在世界博览会上获奖。比如，1873 年 Moynat 推出的以藤条和防水帆布为材质的柳条包（wicker trunk）只有两公斤重，旅行者们争相购买。

1869 年，Moynat 在巴黎歌剧院大道上开设专卖店，于百年后的 1976 年关闭。此后品牌几次易主，默默无闻多年，直到 2010 年被

| Moynat 经典款 Rejane Bag

LVMH 主席伯纳德·阿诺特（Bernard Arnault）拥有的阿诺特集团（Group Arnault）收购。注入资金后，Moynat 再次在巴黎开设专卖店并逐渐扩张。我去过香港海港城内的 Moynat，小小的一家店令人倍感亲切舒适，可为其经典款 Rejane 提供定制服务。

Goyard（1853 年）

尽管 1853 年才正式成立，但 Goyard 的历史从 1792 年就开始了。

那时市场对旅行箱的需求还没有成形，法国人皮埃尔-弗朗索瓦·马丁（Pierre-François Martin）创立 The House of Martin，为顾客提供折叠和存放衣物的盒子和箱子。1845 年，17 岁的弗朗索瓦·戈雅（François Goyard）作为学徒

被雇用，在创始人家族的指导下成长为一名出色的工匠。七年后，皮埃尔-弗朗索瓦意外去世，弗朗索瓦·戈雅把雇主的生意接管过来并更名为 Goyard。

逐渐进入旅行箱市场之后，Goyard 专注于防水帆布材质的精进和革新。著名的 Goyardine 帆布最初用汉麻、亚麻和棉花混合织成，质感像皮革一样结实和高级，并且具有天然的防水和透气功能。帆布上经典的 V 形花纹最初也出自手绘，非常复杂和精细以至于无法仿制。

1998 年，Goyard 易主，新主人让-米歇尔·西格诺尔斯（Jean-Michel Signoles）是一名 Goyard 超级粉丝，1974 年在古董店发现 Goyard 后陆续收集了七百多件产品，其中包括在拍卖会上购得的为可可·香奈儿（Coco Chanel）定制的箱子。西格诺尔斯接手后继续以传统的家族方式经营品牌，不融资，不做广告，不请明星代言，全靠产品和口碑以及消费者对传统文化和工艺的那份热爱和尊重。Goyard 专卖店开在巴黎的圣荣誉街 233 号（233 Rue Saint Honoré），从 1856 年到今天从未更换地址，实乃珍贵的文化遗产，值得参观。

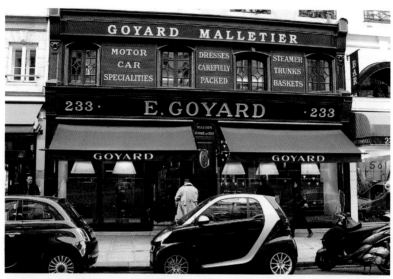

巴黎圣荣誉街 233 号的 Goyard 老店
Goyard Saint Louis Bag 是最为消费者熟知的经典款

Louis Vuitton（1854 年）

中国或许是唯一把 Louis Vuitton 昵称为
LV 的国家。1992 年，Louis Vuitton 在北京开
设专卖店，是最早进入中国的奢侈品牌之一，
也是在中国知名度最高的奢侈品牌。中国消费
者对 Louis Vuitton 有特殊的美好情结，很多女性省吃俭用购买的第一件
奢侈品便是 Louis Vuitton 包包。

从奢华旅行箱发展到女士手袋，Louis Vuitton 的发展史在多年的品
牌营销中早已为消费者熟知。Louis Vuitton 作为历史悠久的家族品牌，

2003 年 Louis Vuitton 与日本艺术家村上隆合作的彩色老花系列是品牌成功年轻化的重要里
程碑

在 1980 年代奢侈品牌民主化的大潮中成功变身为国际品牌，消费群体由狭窄的富裕阶层扩展到人数众多的中产阶级。当今的 Louis Vuitton 不仅体现全球最先进的手袋审美和制造水平，更体现全球最先进的时尚摄影、广告创意和市场营销。

Lancel（1876 年）

　　Lancel 的起源与其他百年品牌不同，它既不是马具也不是旅行箱。1876 年昂日尔（Angèle Lancel）和阿尔方斯·兰姿（Alphonse Lancel）夫妇俩在巴黎开设门店，制造和销售烟斗和其他香烟用品。19 世纪末，吸烟是法国女性的时尚，因此 Lancel 为女烟民开发了烟盒等小物件，逐渐拓展到女性手袋。

　　Lancel 在成立后的一百年中低调而稳健地发展，创造出几个传奇经典款。1900 年，推出带有秘密口袋的魔法包包（le sac à malices），被称为女性诱惑的秘密武器。1927 推出著名的可伸缩桶包，成为品牌的标志，至今仍是热卖主打款。1970 年 Lancel 与艺术家达利合作，推出代表爱情语言的达利密码图案 Daligramme。

　　1970 年代末，Lancel 被家族外的企业收购，目前在奢侈品牌集团 Richemont 旗下。

| 带有爱情密码图案的 Lancel Daligramme 包包

Prada（1913 年）

意大利的工业革命比英国和法国的晚来
几十年，这或许是意大利箱包皮具品牌也创
立得晚一些的原因。1913 年，马里奥（Mario
Prada）和马蒂诺·普拉达（Martino Prada）

兄弟俩在米兰开设了一家皮具店，销售从英国进口的旅行箱和手袋。之
后几十年中，Prada 并无特别的闪光之处，直到家族第三代缪西娅·普

尼龙和十字纹牛皮是 Prada 手袋的两大创新

拉达（Miuccia Prada）于 1978 年接管企业。

　　缪西娅·普拉达是时尚界的传奇人物。她早年是一位颇为激进的左派青年，在米兰大学获得政治学博士，毕业后从事哑剧表演工作。1970 年代末，缪西娅·普拉达接管家族企业的同时，也认识了未来的丈夫和事业伙伴帕特里齐奥·贝尔泰利（Patrizio Bertelli）。二人一起把 Prada 从一个不起眼的意大利皮具店发展为颇具影响力的国际时装品牌。2011 年，Prada 在香港联合交易所上市。

　　缪西娅·普拉达作为品牌的创意设计师，以原创和敢于冒险的审美风格征服时尚界，曾于 2004 年获得时尚业最高荣誉美国时装设计师协会（CFDA）大奖。在手袋方面，Prada 的重要贡献是创造出以尼龙为材质的奢侈品手袋。1980 年代末的时髦人士曾经像着魔一样迷恋那款黑色的 Prada 尼龙双肩包。也正是在尼龙包方面的创新为品牌赢得了决定性的商业成功以及国际时尚界的关注。

Gucci（1921 年）

　　Gucci 在中国也是家喻户晓的奢侈品牌，其知名度仅次于 Louis Vuitton。Gucci 跟其他奢侈品牌相比出身"贫寒"——历史尚未过百年，也没有皇家指定供应商的尊贵头衔。创始人古琦欧·古琦是佛罗伦萨一位皮匠的儿子，年少时在伦敦萨沃伊酒店做门童，他在工作

2019 年纽约时装周街拍，1947 年创意的竹节手柄仍然是 Gucci 百用不厌的经典元素

中观察到旅行箱市场很有潜力，遂回到家乡创立 Gucci。

经过两代人的努力，Gucci 逐渐扩张到美国市场，于 1953 年在纽约第五大道开设专卖店。到了 1960 年代，Gucci 已成为享誉国际的奢侈品牌。但是在接下来的二十年里，家族纠纷和丑闻（甚至谋杀）使得 Gucci 家族最终失去品牌的所有权。目前，Gucci 归属于国际奢侈品牌集团 Kering。

经典往往并非刻意而为。二战刚刚结束时物质匮乏，Gucci 为节省皮料使用竹子作为包包的手柄，不曾想 1947 年推出的 Bamboo Bag（竹节包）竟以竹节手柄成为载入史册的设计和 Gucci 最值得骄傲的创新。如果你有机会去佛罗伦萨旅行，请记得去 Gucci 博物馆看看，各种材质的 Bamboo Bag 一定让手袋爱好者大为满足。

快进到 2010 年代，对奢侈品牌来说，谁赢得千禧一代谁就赢得世界。2015 年上任的创意总监亚力山卓·米开理（Alessandro Michele）以万花筒式的审美和炼金术士一般的本领让 Gucci 博得"90 后"消费者的热情拥戴，领跑奢侈品牌。在这位"70 后"意大利设计师的风格领导下，Gucci 推出一款又一款叫好又叫座的包包，其中千姿百态的 Dionysus（酒神包）和小巧玲珑的 Marmont 最为成功。

那些倾国倾城的手袋

19 世纪末，曼哈顿岛如雨后春笋般涌现的高档百货店（department store）既是纽约作为国际大都市崛起的象征，也是时尚史传奇的见证者。推动厚重的旋转门，走进一幢幢百年大楼，Saks Fifth Avenue、Barney's、Bergdorf Goodman、Henri Bendel、Lord & Talor、Macy's，第五大道的明亮和喧嚣立刻被一个多世纪前帝国风或装饰艺术风的幽暗和安静所代替。每家店的一楼照例有平米数慷慨的手袋专区，各品牌当季新款陈列得错落有致，令人目不暇接。

你想拥有这些诱人的包包吗？如果弱水三千只取一瓢，你选哪件？饥不择食的年代一去不复返。我们虽然嘴上说衣橱里永远少一件衣服、一双鞋和一个包包，准入标准却越来越严格。最终让消费者打开钱包的驱动力，只有对某件单品的强烈渴望。

那么什么能激发我们对一件单品的占有欲呢？我猜是我们梦想成为的那个女人。哪怕仅仅是此时此刻，她的样子和她的风情，触动我们心中的浪漫。我们想穿上她的衣服，踩进她的鞋子，挎着她的包包，像她那样对镜头回眸一笑。

Hermès Birkin Bag

英国女演员和歌手简·柏金（Jane Birkin）就是一位万千女性梦想成为的女人。这位充满传奇的风尚 icon、1970 年代的宠儿、不费力之美的创始人，启发了一代又一代女性。早在 Hermès 用 Birkin 命名那款世界上最被渴求的手袋之前，简·柏金的藤条篮子就已随主人倾国倾城。

如果你有兴趣查阅 1970 年代的街拍图片，会发现在长达十多年的时间里，柏金小姐去哪里都带着这只篮子，从来不换包。无论是搭配牛仔裤、超短裙、晚礼服还是皮草大衣，也无论是逛街、买菜、读书还是带娃，这只藤条篮子神奇地撑起了所有的装束和场合，与主人飘逸的长发、毫不设防的笑容、自由不羁的态度共同载入时尚史册，风格永存。

简·柏金的藤条篮子甚至启发了 Hermès Birkin 的诞生。在 1983 年的一次旅行中，柏金小姐和 Hermès 总裁让 - 路易·杜迈（Jean-Louis Dumas）在飞机上邻座。柏金把她的藤条篮子放置在头顶行李柜中，一不小心，篮子里的东西噼里啪啦掉了出来。稍显窘迫的柏金边道歉边抱怨找不到一款足够大的周末用的手袋，拥有完美绅士风度的杜迈自然殷勤相助，耐心倾听。这次偶遇让杜迈大受启发，旋即为 Hermès 设计出一款形状方正、空间充足的包包，就是后来家喻户晓的 Birkin Bag。

但颇为有趣的是，简·柏金并未成为 Birkin Bag 的代言人。她直言不喜欢这款以自己名字命名的手袋，原因是太重。更具讽刺意味的是，Birkin Bag 逐渐成为富贵身份的象征，被雍容华美的贵妇挎于臂腕，和简·柏金无拘无束的波西米亚风格相去甚远。

虽然 Birkin Bag 不需要代言人，但我们熟悉的维多利亚·贝克汉姆（Victoria Beckham）——足球明星贝克汉姆的太太，却是 Birkin Bag 毋庸置疑的非正式代言人。传说小贝夫人拥有上百只 Birkin Bag，其中不乏以鸵鸟皮和鳄鱼皮等制成的非常昂贵的珍稀版本。有人嘲笑维多利亚·贝克汉姆是炫富的暴发户，也有人欣赏她毫无歉意地彰显个性的勇气。

　　维多利亚·贝克汉姆的鸵鸟皮 Birkin Bag

Hermès Kelly Bag

Birkin Bag 或许与简·柏金风格不同，但 Hermès 的另一款传奇手袋 Kelly Bag 却与其同名者格蕾丝·凯利"袋人合璧"，一同倾国倾城。格蕾丝·凯利是 1950 年代著名的美国女明星，曾获奥斯卡奖和金球奖，也是希区柯克最中意的女明星之一。1956 年，26 岁的格蕾丝·凯利嫁给摩纳哥王子，骤然息影。

Kelly Bag 的原型是一只装置马鞍的手袋，诞生于 19 世纪末。1920 年代 Hermès 在这款马鞍袋的基础上设计出一款女士手袋，后来经过几次改动，包包逐渐变得方正有型、棱角分明。1954 年，格蕾丝·凯利在出演她的第三部希区柯克电影《捉贼记》时，剧组的服装设计师从 Hermès 专卖店购买了一只手袋用在电影中。据说格蕾丝·凯利一下子就爱上了这只包包，在接下来与摩纳哥的雷尼尔王子（Prince Rainier Ⅲ）交往、订婚和结婚的一两年中与之形影相随，为诸多新闻报道所见证。尽管人们立即把这款 Hermès 手袋称为 Kelly Bag，品牌却一直等到 1977 年才正式命名她。

1956 年格蕾丝·凯利下车时用 Kelly Bag
遮挡住怀孕的身体
1961 年格蕾丝·凯利和 Kelly Bag 在飞机上

Gucci Jackie Bag

肯尼迪夫人杰奎琳·肯尼迪·奥纳西斯 (Jackie Kennedy Onassis) 不仅是美国最著名的第一夫人，也是一位传奇美人和时尚 icon。她与格蕾丝·凯利是同龄人，同处在女性尚需要借助男性实现梦想的年代。格蕾丝·凯利放弃蒸蒸日上的事业成为欧洲袖珍国王后，杰奎琳则先后嫁给世界上最有权的男人——美国总统约翰·F. 肯尼迪和世界上最有钱的男人——希腊船王亚里士多德·奥纳西斯 (Aristotle Onassis)。

以杰奎琳·肯尼迪命名的 Jackie Bag 是一只半圆形的单肩包，1950 年代成型。包包最早的名字叫 Fifties Constance，与竹节包和马衔扣包 (horse bit hobo) 同为 Gucci 的经典手袋款式，可以在佛罗伦萨的 Gucci 博物馆里看到。1970 年代初，当人们看到杰奎琳·奥纳西斯经常背着 Fifties Constance 出街，这款手袋立刻流行起来，随后被 Gucci 正式更名为 Jackie Bag。

1971 年 6 月，杰奎琳·肯尼迪·奥纳西斯身背 Jackie Bag

Dior Lady Dior

　　在很多人眼中，去世二十余载的英国王妃戴安娜是上世纪最有影响力的时尚 icon。19 岁和查尔斯王子订婚后，戴安娜从一个稚嫩羞涩的小女孩成长为一位魅力璀璨的慈善大使。虽然饱受不幸婚姻的折磨和媒体无休无止的干扰，戴安娜却活出自我，越发坚强和自信，以至于有勇气走出婚姻，放弃王妃身份。

　　1995 年，也就是戴安娜车祸遇难的两年前，她应邀去巴黎参加印象派艺术大师塞尚展览的开幕式。法国总统希拉克夫人贝尔纳黛特（Bernadette Chirac）希望在戴安娜来访期间送给她一只独特的包包。当 Dior 的新款 Chouchou（意思是最宠爱的）被选中，品牌立即把包包重新命名为 Princesse（王妃）。送给戴安娜的这只包包是黑色的，简洁小巧的款型衬托主人高挑挺拔的身材，优雅则是包包和美人共有的气质。Princesse 迅速受到媒体关注，消费者纷纷购买，品牌旋即又将包包更名为 Lady Dior，两年内销售了二十万只！

1996 年戴安娜和 Lady Dior 在英国　｜

Mulberry Alexa Bag

英国女孩艾里珊·钟 (Alexa Chung) 被称为终极酷女孩 (the ultimate cool girl)。艾里珊属于那类不为自己设定职业标签的新一代时尚女性,她是模特、电视主持人、作家,也是时装设计师、时装品牌创始人。艾里珊具有英伦人特有的既谐趣又严肃、既田园又摇滚、既自恋又自嘲的态度,其审美风格自成一体。同时,艾里珊的中国血统也吸引了众多亚洲粉丝。

2009 年,媒体经常拍到艾里珊·钟携 Mulberry 经典款 Bayswater 出入派对,这款包包的热度一下高起来。于是,深陷困境的 Mulberry 把 Bayswater 稍加改动,推出了新款 Alexa。人云艾里珊·钟救活了 Mulberry,这种说法或许有些夸张,但在消费者严重依赖社交媒体的今天,一个明星成就一个品牌的现象越发屡见不鲜。

最近十年,手袋款式越来越多,手袋明星也越来越多。网络让消费者及时而便捷地看到手袋和明星互相加持。然而,手袋和明星似乎不再互相忠诚。一袋难求的 It Bag 被众多明星追捧,炙手可热的明星被众多手袋追逐。倾国倾城难以再现,大大小小的惊艳却时有发生。周迅的 Chanel Boy Brick Clutch、奥利维亚·巴勒莫 (Olivia Palermo) 的 meli melo Thela,肯达尔·詹娜 (Kendal Jenner) 的 Louis Vuitton Bum Bag,是否依然让你一见倾心?

艾里珊·钟的 Mulberry Alexa Bag

手袋历史上的 33 款 It Bag

　　It Bag 是个热门词汇，并且热门了很多年，是谈论包包时绕不开的一个词。It Bag 的来历有两种说法。一说来自 20 世纪初出现的新名词"It Girl"。英国浪漫小说家埃莉诺·格林（Elinor Glyn）于 1927 年在她的小说《It》中这样解释："It 是外表或者头脑的魅力。拥有 It，你若是女人便能俘获所有男人，你若是男人便能俘获所有女人。"另一说来自"inevitable"，译为不可避免或者不可缺少。顾名思义，It Bag 就是炙手可热、必须拥有的手袋。It Bag 这个词诞生于 1990 年代，正值奢侈品民主化进行得如火如荼之时，大众对奢侈品牌和设计师品牌如饥似渴。二十年过去，奢侈品牌和设计师品牌已正式成为大众文化的一部分，It Bag 也像影视明星般不断涌现，被一代又一代消费者渴望拥有。

　　哪些手袋可以被称为 It Bag？虽然并没有权威机构评选出一个名单，但是资深手袋爱好者和自封的手袋历史学家心中有数。那些不仅仅名噪一时，多年之后还被人记住当年辉煌的手袋，或许担得起 It Bag 之名。我有个私人 It Bag 名单，33 款包包上榜，下面按照从近及远的时间顺序列出。年轻的朋友们可能会发现前面的手袋款式很熟悉，后面的手袋陌生一些。在我看来，每一款手袋都真诚而尖锐地映射出当时的审美和文化，亦是人类时尚史和文化史的见证。

Bottega Veneta The Pouch（2019）

上榜理由：千禧年代超大手包强势回归。Bottega Veneta 创意总监 Daniel Lee 的公关战役大获成功。

Bottega Veneta The Pouch

Cult Gaia Ark Bag（2018）

上榜理由：独特的方舟造型，轻便的竹子材质，开启竹质 / 藤条 /
草编手袋的流行风潮。

Cult Gaia Ark Bag

Gucci GG Marmont Velvet（2017）

上榜理由：醒目却不俗气的 logo，独特而低调的绗缝纹路。包包的款式与流行的丝绒材质成天作之合。

| Gucci GG Marmont Velvet

Chloe Nile Bag（2017）

　　上榜理由：经典马鞍包造型，显眼而不做作的金属圆环装饰。金属圆环流行风潮中的佼佼者。

Chloe Nile Bag

ZAC Zac Posen Belay Crossbody（2017）

　　上榜理由：带翻盖桶包的原创造型，平整光滑的双面皮革，画龙点睛的金属扣。

| ZAC Zac Posen Belay Crossbody

Moschino McDonald's Cola Cup Bag（2017）

上榜理由：高调的幽默和自嘲，恶搞消费主义。

Moschino McDonald's Cola Cup Bag

Loewe Puzzle Bag（2016）

上榜理由：令人耳目一新的建筑造型，风格谐趣而洒脱，实用功能强大。

| Loewe Puzzle Bag

Gucci Dionysus Bag（2015）

上榜理由：端庄经典的基本款式，充满想象力的装饰变幻无穷，标志性的酒神扣满载古希腊浪漫情结。

Gucci Dionysus Bag

Dior Diorama Bag（2015）

上榜理由：简洁的几何线条，淡淡的中性风格，优雅隽永。

| Dior Diorama Bag

Louis Vuitton Petite Malle（2014）

上榜理由：迷你旅行箱造型极富装饰性，亦与 Louis Vuitton 的旅行传统完美契合，开创长达数年的小箱子款手袋潮流。

| Louis Vuitton Petite Malle

Chloe Drew Bag（2014）

上榜理由：风格清新的马鞍包，萌动可爱的小猪造型深得年轻消费者的喜爱。

Chloe Drew Bag

Chanel Boy（2013）

上榜理由：传奇经典 2.55 / Classic Flap 的更新版，年轻、现代、洒脱、帅气……

| Chanel Boy

Mansur Gavriel Bucket Bag（2013）

　　上榜原因：极简、现代、克制的外表搭配性感的衬里，引领极简桶包风潮。

Mansur Gavriel Bucket Bag

Celine Classic Box（2010）

上榜理由：怀旧、简约、淑女三个元素的完美结合。

Celine Classic Box

Celine Luggage Tote（2010）

上榜理由：独特的笑脸造型，开创秋千款手袋风潮。

Celine Luggage Tote

Fendi Peekaboo Bag（2009）

上榜理由：翻开一角的设计，端庄中尽显调皮和性感。

Fendi Peekaboo Bag

Proenza Schouler PS1（2008）

上榜理由：把现代都市风情注入古典书包款的成功典范。

Balenciaga Motorcycle Bag（2008）

上榜理由：独特而风趣的猴脸造型，机车夹克风格的流苏和铆钉，既个性满满又极其百搭，至今仍是品牌最热卖款式。

Balenciaga Motorcycle Bag

Anya Hindmarch I'm Not A Plastic Bag（2007）

上榜理由：身价 5 英镑的帆布袋，倡导消费者不用塑料袋，环保袋这个词由此而来。

| Anya Hindmarch I'm Not A Plastic Bag

Mulberry Bayswater（2007）

上榜理由：英伦情调的复古风格，含蓄的高级，低调的醒目，百搭且实用性超强。

Mulberry Bayswater

Alexander McQueen Skull Box Clutch（2007）

上榜理由：Alexander McQueen 最具影响力的骷髅头造型与聪明而独特的指环设计相融合，为外表优雅而内心叛逆的女性代言。一时风靡红毯。

Alexander McQueen Skull Box Clutch

Marc Jacobs Stam Bag（2006）

上榜理由：奢华的怀旧风格，金属元素堆砌却不显多余，重量惊人却不被介意。手提包流行时期的经典代表。

Marc Jacobs Stam Bag

Fendi Spy Bag（2005）

　　上榜理由：软型包当道时期的明星款。略显夸张的奢华，毫不遮掩的富婆风格，配有收纳口红的隐蔽空间，充满神秘的浪漫风情。

Fendi Spy Bag

Chloe Paddington（2004）

　　上榜理由：独特而沉重的大锁头。由明星加持和消费者物以稀为贵心理引爆，销量一鸣惊人。

Chloe Paddington

Bottega Veneta Knot Clutch (2001)

　　上榜理由：极有辨识度的 Bottega Veneta 签名编织，材质和颜色具有无穷变化的潜能，绳结锁扣精美无限。红毯常青树。

Bottega Veneta Knot Clutch

Fendi Baguette（1997）

　　上榜理由：经典款型加百变装饰，醒目的双"F"logo，结束 1990 年代的寡淡风。

Fendi Baguette

Dior Lady Dior（1995）

　　上榜原因：法国总统夫人送给戴安娜王妃的手袋。经典而优雅的款型，独特的藤椅绗缝（cannage quilting）和 logo 挂饰。

Dior Lady Dior

Hermès Birkin（1984）

上榜理由：终极身份手袋（status bag），没有之一。

Hermès Birkin，维多利亚·贝克汉姆的酒红色鳄鱼皮款

Chanel Classic Flap（**1983**）

　　上榜理由：2.55 的更新版。皮革缠链条肩带，logo 锁扣，代表 1980
年代的物质主义风格。

| Chanel Classic Flap

Gucci Jackie Bag（1970）

上榜理由：简单而休闲的 hobo 款型，因经常与肯尼迪夫人一同出镜而炙手可热。

| Gucci Jackie Bag

Hermès Kelly（1956）

上榜理由：历史悠久的实用款型，以摩纳哥王后格蕾丝·凯利命名。最早的明星款手袋。

| Hermès Kelly

Chanel 2.55（1955）

上榜理由：菱格绗缝，链条肩带，"小姐"（mademoiselle）锁扣，三大原创元素都成为经典设计，并启发了无数手袋设计师。

| Chanel 2.55

Gucci Bamboo Bag（1947）

上榜理由：独特的竹节手柄——二战后因材质短缺而使用的替代材质，出人意外地广受欢迎。Gucci 最早的经典款。

| Gucci Bamboo Bag

原创的，经典的

    人无我有，是原创。历久弥新，是经典。原创是经典的必要条件，经典是原创的终极成就。认真的时尚爱好者，把时尚当作生活方式和表达媒介，对于时尚单品的原创性非常敏感。她们一不跟风，二不凑合，只被原创设计打动，只为原创产品买单。大众消费者则不同，她们不愿花过多时间考虑穿戴，但求款式"过得去"，最喜爱实用性强和性价比高的产品。诸多以抄袭原创设计为生的品牌便以大众消费者为目标客群，季季年年抄得不亦乐乎。

    经典设计是设计中的圣杯，也是设计师的梦想。只有原创的设计才有可能成为经典，能成为经典的原创设计却凤毛麟角。有潜力成为经典的原创设计必须满足两个条件：1. 简洁大气；2. 辨识度高。我们不妨举几个大家熟知的例子，看看哪些原创设计已经成为经典；哪些原创设计没能成为经典；哪些设计虽已成为经典，但因被众多抄袭者扼杀而沦为庸俗。

Chanel 2.55

Chanel 2.55 的设计早在 1930 年代便已成型，1955 年 2 月正式推出，以日期命名为 2.55。这款手袋拥有两个革命性的原创设计——金属链条肩带和菱格绗缝。可可·香奈儿在时尚领域的确是天才而大胆的创新者，但她设计 2.55 的初衷并非创造 It Bag，而是为她的针织套裙搭配一款优雅低调的手袋。

其实可可·香奈儿直到 1971 年去世也从未听说过 It Bag 这个词。2.55 不仅在问世后的几十年里保持低调，如果回顾历史我们会发现在很长一段时间里，这款包包一直是服装忠实的配角，从不抢风头。

回顾历史，手袋是 20 世纪初伴随女性走出家门而普及起来的。1930 和 1940 年代的世界充满战乱，时装和手袋艰难进阶。1950 年代浪漫和奢华逐渐复苏，手袋优雅绽放但仍旧默默无闻。1960 和 1970 年代，嬉皮主义从萌芽走向盛行，人们再次摒弃奢华、崇尚自然，手袋与服装同时休闲化和年轻化。有个笑话说那个年代流行光脚，新娘们头上戴个柳藤花圈儿就把婚给结了，所以很多意大利鞋子手工作坊濒临倒闭。好不容易熬到 1980 年代风尚逆转，人到中年的嬉皮士们不是被毒品消灭，便是被生活改变，雅皮士取而代之，物质主义大行其道。

1983 年，卡尔·拉格斐接手 Chanel。一向擅长在品牌档案中寻找灵感的拉格斐把 2.55 翻出来，迎合当时的拜金显阔风，将双 "C" logo 醒目地镶在包包正面，并以皮革加粗链条。改版后的包包被命名为 Classic Flap，一款 It Bag 就这样诞生了。Chanel Classic Flap 迅速走红并且红得

Chanel 2.55，链条肩带和菱格绗缝是包包的革命性设计
卡尔·拉格斐的 Chanel Classic Flap

热烈而持久，从迪斯科的 1980 年代到极简主义的 1990 年代，再到网络主宰的千禧年代，一直到今天，和 Chanel No.5 香水一样成为品牌的不朽传奇。

2.55 的原创设计点——链条肩带和菱格绗缝，早被大大小小的设计师和高端低端的品牌竞相借鉴模仿，成为经典设计。原版 2.55 和更新版 Classic Flap 更被众多时尚编辑列为必备单品。

《欲望都市》(*Sex and the City*) 原著作者坎迪斯·布什奈尔 (Candace Bushnell) 为这部风靡全球的电视剧写了一部前传，书名叫《夏天和城市》(*Summer and the City*)，里面讲到女主角凯丽 (Carrie) 的第一只 Chanel Classic Flap 的故事。那年，18 岁的凯丽高中毕业后独自闯荡纽约，男朋友送给她一只黑色的 Chanel Classic Flap。后来两人分手，凯丽在萨曼莎 (Samantha) 的帮助下把这只崭新的包包卖了 250 美元。1985 年的 250 美元相当于 2018 年的 580 美元，我边读边为凯丽心疼，这只包真是卖得太便宜了！

Chanel 2.55 的原创设计具有划时代的水准，充满故事的历史堪称传奇。但是过度的市场营销削弱了这款手袋的神秘感，饱和的明星和博主街拍让很多消费者失去拥有的欲望。既然链条肩带和绗缝设计随处可见，那么自己拥有 Chanel 包包的理由是什么？或许是被暴发户形象吓倒了，也或许只是看腻了，身边很多爱包的朋友暂时不打算加入 2.55 拥有者的行列。再过二十年，当中国新富对大牌奢侈品的狂热消退，她们对这款经典手袋的热情或许会被重新点燃。

Balenciaga 机车包

作为 It Bag 被载入史册的 Balenciaga 机车包，其核心设计有三个元素：1. 一个小半圆里有两颗小铆钉，像两只眼睛；2. 小半圆上面有一段拉链，像一体眉；3. 眼睛眉毛被车线廓在一起。我把这个有点滑稽色彩的设计叫作猴脸。可爱的小猴脸自 2001 年问世以来被成千上万的明星名流和模特达人挎在手中，更被数以百万计的消费者热情拥抱。从此机车包推出无数个大小和颜色，小猴脸设计更被品牌轻松愉快地用在无数款包包上。

Balenciaga 机车包

前面说过原创成为经典的两个条件——简洁大气和辨识度高，其实是一对矛盾。太简洁了辨识度会受影响，容易被抄袭；而辨识度高了很可能就不够简洁，于是难显大气。猴脸的简洁度和辨识度真是刚刚好——谁都认得出，但谁也不敢贸然抄袭。明星设计师丹姆那·瓦萨利亚（Demna Gvasalia）自 2015 年 10 月担任 Balenciaga 创意总监，曾多次试图再造 It Bag，相继推出惊爆媒体的蛇皮编织袋款（Bazar Bag）、棉被包款（Comforter Bag）、宜家购物袋款（Carry Shopper）等。这些款式叫好却不叫座，品牌专卖店里的销售主力款依然是经典的小猴脸。

Fendi Baguette 法棍包

Fendi Baguette，肩带短短的正好夹在腋下，就像夹一只法国面包棍（baguette），因此得名。1997 年 Fendi 凭借 Baguette 扭转了品牌形象老旧、销售持续下滑的状况，这款手袋也跻身史上十大 It Bag 之列。

法棍包有几大设计元素：长方形、短肩带、双"F"logo 扣袢、五光十色的面料和花纹。这几个设计元素中，形状和肩带比较普通，不能算原创。至于双"F"logo 扣袢，Chanel 也早有原创设计。但是，以朴实无华的款式作为画布，在此之上伸张想象力，却是 Baguette 最为重要的卖点，满足当时市场强烈的个性化需求。谁想到这个画布的创意竟成为近年来手袋装饰风的基础。几乎所有知名品牌都相继推出样式简洁的经典款，在面料和花纹上做出无穷变化：麂皮、漆皮、绸缎、丝绒、丹宁布；绗缝、镶嵌、钉珠、刺绣、3D 打印，等等。2018 年，Fendi Baguette 法棍包诞生二十年后迎来强势回归，再次成为年度最热卖的手袋款式之一。时年恰逢《欲望都市》开播二十周年纪念，凯丽身背 Baguette 的经典镜头为包包增添了一层怀旧的魅力。此刻慷慨而健忘的消费者把夹在腋下的短肩带设计也归功于 Fendi，或许传奇就是如此产生的。

Fendi Baguette

Celine 笑脸包

Celine Luggage Tote（俗称笑脸包）作为 35 岁担任 Celine 创意总监的菲比·费罗（Phoebe Philo）的惊世力作，自 2010 年秋冬问世以来很快攀升为最热门的 It Bag。这只两千美元左右的手袋推出过无数种配色和材质，但以黑色配乳白色牛皮款最为经典。

笑脸包的原创设计元素有两个：一个是以曲线、手柄和拉链形成的笑脸轮廓；另一个是手袋两侧伸出部分形成的秋千形状。手袋的正面酷似一张小胖子的笑脸，天真可爱，嘴角还有一滴哈喇子，颇具喜剧效果。笑脸的多种元素为包包提供了无限的配色可能性，毫无悬念地被设计师用到极致。笑脸辨识度高的主要原因在于人类对于脸的形状非常敏感，一个圆圈和三个圆点就构成一张脸，三个圆点稍加变化便构成各种表情。因此，Celine 的笑脸和 Balenciaga 的猴脸一样极具特点，很难被不露痕迹地抄袭。

笑脸包的第二个原创点是侧面伸出的秋千形状，由于个性没有异常显著已被很多品牌借鉴，Phillip Lim Pashli Satchel 是最早的疑似模仿款之一。Pashli 这款包包也出自颇有才华的设计师，品质和做工与笑脸包相当，价格却只有它的一半。消费者认为 Pashli 在设计上有足够多的独到之处，并且秋千形状不甚明显，所以愉快地接受了这款包包。目前 Pashli 早已成为 Phillip Lim 经典款！

Celine Luggage Tote

Chloe 锁头包

我不知道还有多少包迷记得或者听说过 Chloe Paddington Bag，也就是著名的锁头包，因为这款包包显然早已从市场上消失。2005 年推出的 Paddington Bag 是 Chloe 的首款 It Bag，第一批 8 000 只包包在上架前便飞速售罄，创下超越 Fendi Baguette 法棍包和 Balenciaga 机车包的惊人业绩。或许不太意外的是，Chloe 当时的创意总监正是后来的 Celine 笑脸包的设计师菲比·费罗！

Chloe 锁头包和 Balenciaga 机车包的风格有相似之处，两款包包都是街头摇滚风的软型包包——2000 年代的主流款式。别小看这把锁头，女人们似乎完全忽略了它的沉重和无用，矢志不渝地要拥有一只。锁头包作为 It Bag 至少热卖了五年，其间 Chloe 为减轻锁头的重量曾经把材质从铜变为树脂。

锁头作为原创点虽然辨识度高，但是扩展性差。设计师总不能在每款包包上加把锁头吧？菲比·费罗离开后，Chloe 推出 Paddington Capsule，能看出品牌想保留这把锁头，但是设计实在不够美，锁头垂在包包上的效果有点像墨镜戴在下巴上，看起来十分别扭。最近几年 Chole Nile 圆环包和 Drew 小猪包再度上榜 It Bag，这两款包包虽然和锁头无关，但仍以醒目金属作为主要设计元素。

就在我修改这本书稿的最后一版时，Chloe 高调发布 2019 秋冬系列，这把传奇锁头转世成新款 Aby Bag 又回来了！资深包迷或许会因怀旧情结而欢欣鼓舞，但是早被眼花缭乱的包包挂饰宠坏的新生代会买账吗？

我们拭目以待。

　　原创和经典手袋，每季每年都在源源不断地出现，当然绝不止上面谈到的这五款。我在美国和北京家中的柜子里存放了一百多只包包，每款都是各品牌的原创，也是我眼里的经典。当我选出一只包包作为当季的随身携带之物，每一次的目光滑落和伸手触摸，便是一次对设计师的欣赏和对自己选择的由衷欢喜。

089

小众设计师手袋品牌

　　看过电视剧《广告狂人》的朋友们对剧中精彩的广告创意一定印象深刻。Lucky Strike 香烟、柯达胶卷、London Fog 风衣、新秀丽旅行箱、希尔顿酒店、可口可乐……这些广告正反映此剧所处的品牌大爆发时代。从 1950—1960 年代开始，主流消费群体逐渐建立起品牌意识。比如，我为什么喝可口可乐而不喝其他牌子的可乐？因为可口可乐代表我的偏好——口味、包装以及我在别人眼中的形象。

　　如果说大众消费品牌是在《广告狂人》年代建立起来的，奢侈品牌的深入人心则发生在二三十年后。1980 年代开始，Louis Vuitton、Gucci、Fendi 等欧洲古老的家族品牌进行资本化和国际化，品牌的受众群从社会精英阶层扩展到广大中产阶级。有人把这个过程称为品牌的民主化。

　　奢侈品牌进入主流消费者的视野后知名度迅速攀升，其中一部分品牌成为家喻户晓的名字。尽管如此，买得起奢侈品牌的消费者依旧人数寥寥，多数消费者依旧选择大众品牌。但是对很多人来说，大众品牌在审美和品质方面不尽如人意，于是轻奢品牌在 1990 年代末出现了。轻奢品牌填补了奢侈品牌和大众品牌之间巨大的市场空缺，款式独特而时髦，品质在一定程度上不输奢侈品牌，价格却只有奢侈品牌的几分之一。成熟而老练的消费者对性价比颇为看重，因此轻奢品牌深受欢迎，在过去二十年里逐渐成为很多女性购买时尚产品的首选。

轻奢品牌在欧美市场被称作"contemporary brands"，主要分为三类。第一类是奢侈品牌和高端设计师品牌副线，比如 Armani Exchange（Armani 副线）、McQ（Alexander McQueen 副线）、See by Chloe（Chloe 副线）、ZAC Zac Posen（Zac Posen 副线）。这类品牌保持各自主线品牌的审美，款式和价格则更加平易近人。第二类是大众轻奢品牌，比如 Coach、Michael Kors、kate spade、Tory Burch。这类品牌倾向于大众审美，但品质比大众品牌优越很多。第三类是小众设计师品牌，比如纽约的 MZ Wallace、米兰的 SALAR Milano、伦敦的 meli melo。这类品牌具有鲜明的审美个性，辨识度很强，品质出色。

小众设计师品牌的创始人多为年轻设计师。他们具有表达个人审美的强烈愿望，往往从一个非常独特的设计元素或者风格展开，不求人见人爱，但求相遇知音。近年来，"90后"和"00后"一代时尚品位的多样和多变为小众设计师带来难得的发展良机。小众设计师运作灵活，能快速推出风险性大却更为时髦的款式，也能迅速根据消费者的反馈做出调整，这是资源雄厚却步调缓慢的大品牌所不具备的优势。Instagram 等社交媒体极大降低了小众设计师品牌的市场公关门槛，使其触达力和影响力堪比大品牌。有些小众设计师品牌发展壮大之后引入资本，逐渐转变为大众轻奢品牌，比如 kate spade 和 Rebecca Minkoff，而有些小众设计师品牌更珍视独立创意和运营，比如纽约设计师品牌 Loeffler Randall 和 MZ Wallace。

作为凯特周设计师精品店的创始人和买手，我从 2008 年开始把美国和欧洲的小众设计师品牌引进到中国市场。记得最初向消费者介绍小众设计师品牌的概念时颇为艰难，那时做梦也想不到十年后时髦的中国女性会对小众设计师如数家珍。由此可见中国时尚女性消费的多元化发展多么迅速而令人振奋。如果说背大牌包包是一种身份的体现，背小众设计师包包同样也是一种身份的体现——体现不俗的品位和坚持个性的自信。

近年来，新的小众设计师手袋品牌不断涌现，借助社交媒体的传播扩散，很多品牌"一夜成名"，众多款式"一包难求"。想必很多朋友都在博主公众号里看到过小众设计师品牌的推荐，下面我选出十个成功的小众设计师品牌介绍给大家。

Mansur Gavriel

品牌精髓：极简主义小众设计师品牌的代表。

美国设计师蕾切尔·曼苏尔（Rachel Mansur）和德国设计师弗洛里安娜·加夫里埃尔（Floriana Gavriel）于 2012 年在纽约创立手袋品牌 Mansur Gavriel。她们设计的首款产品是一只线条简洁、带有深红色内衬的硬质牛皮桶包，2013 年 6 月上市，7 月就已卖断货。依靠时尚博主和时髦消费者的大力传播，Mansur Gavriel 很快成为小众设计师中的明星，二位设计师亦获得 CFDA 2015 年度最佳新人奖。品牌创立以来，Mansur Gavriel 不仅设计出多款成功的手袋，也陆续推出鞋子和成衣。

| Mansur Gavriel 经典款桶包

Danse Lente

品牌精髓：现代感和街头风的完美结合。

生于韩国的设计师 Youngwon Kim 2013 年毕业于伦敦时尚学院
(London College of Fashion)，三年后即在伦敦创立手袋品牌。Danse
Lente 在法语里是"慢舞"的意思，表达设计师希望自己的作品给人翩
然起舞般悠扬的喜悦。Danse Lente 包包轮廓分明、配色大胆，因此极有
镜头缘，在 Instagram 上分外吸睛。2017 年，Danse Lente 在 Net-a-Porter
上线，创下手袋品牌首日销售量最高纪录。

| Danse Lente 经典款 Phoebe

Wandler

品牌精髓：中性美与女性美的绝佳平衡。

荷兰姑娘埃尔扎·万德勒（Elza Wandler）从 2 岁起即主张自行搭配衣着，长大后顺理成章地从事时装设计。从阿姆斯特丹时装学院（Amsterdam Fashion Institute）毕业后，埃尔扎·万德勒为著名的丹宁（denim，牛仔布）品牌 Levi's 设计女装。她在工作中发现自己对手袋设计充满激情，于是决定自立品牌。Wandler 或许是成名最快的小众设计师品牌，2017 年品牌创立，一年后那款经典的半圆秋千 Hortensia 就已成为炙手可热的 It Bag。Wandler 在色彩运用方面也颇具独到之处，明亮色不张扬，中性色不沉闷，知性而时髦。

Wandler 经典款中号 Hortensia

meli melo

品牌精髓：西西里浪漫遐想和英伦文艺风情的独特融合。

来自西西里岛的意大利姑娘梅利莎·德尔博诺（Melissa Del Bono）2005 年在伦敦创立了自己的手袋品牌。她以西西里岛女人用的菜篮子为灵感设计出经典款 Thela，其极富个性的款式和超高的搭配度得到了明星、博主和时尚消费者的迅速认可。创新是设计师品牌的生命力，自 Thela 之后，meli melo 又相继推出 Santina、Rosalia、Art Bag 等深受欢迎的品牌经典款。

| meli melo 经典款 Santina 桶包

| meli melo 设计师梅利莎·德尔博诺

Staud

　　品牌精髓：不受潮流驾驭的轻怀旧风格。

　　2015 年，年仅 26 岁的洛杉矶女孩莎拉·斯塔迪格（Sarah Staudinger）和小伙伴乔治·奥古斯托（George Augusto）创立品牌 Staud。莎拉敏锐地看到一个市场空白——审美高端而价格适中的服装和配饰。莎拉的背景是媒体而不是设计，所以她极其擅长运用明星和社交媒体的影响力使品牌知名度迅速蔓延，那款 Moreau 网兜桶包不知成为多少时髦女孩的心魔。《福布斯》杂志 2019 年度发布 30 位 30 岁以下精英榜单（30 Under 30 List），莎拉·斯塔迪格榜上有名。

| Staud 经典款 Moreau

MZ Wallace

品牌精髓：尼龙包小众品牌的翘楚。

莫妮卡·卓纳（Monica Zwirner）和露西·华莱士·尤斯蒂斯（Lucy Wallace Eustice）是土生土长的纽约女性，于 1999 年创立品牌。莫妮卡做过造型师，露西曾在时尚杂志《世界时装之苑》和《时尚芭莎》（*Harper's Bazaar*）担任时装编辑。两位创始人希望为忙碌而充实的纽约女性做一个尼龙包品牌，既时尚又实用，于是她们自主研发出 Bedford 和 Oxford 两种尼龙面料，轻便、结实、富有奢华感，与 Prada 尼龙相比品质更胜一筹。MZ Wallace 被称为纽约女性保守最严的秘密（best kept secret），拥有一众极度忠诚的顾客，其经典款 Metro Tote 是纽约街头最常见的手袋款式之一。

| 设计师露西·华莱士·尤斯蒂斯 2015 年在北京做签售会

Cult Gaia

品牌精髓：每件单品都是艺术品。

品牌的名字非常有趣，Cult 的意思是极度狂热的宗教团体，Gaia 是希腊神话中的大地女神。Cult Gaia 这个名字正是品牌创始人、美国加州姑娘茉莉·拉里安（Jasmine Larian）的美学理念。在她的理想里，我们身边的每件物品都是艺术品，像大自然一样充盈生命之美。Cult Gaia 的每一款包包都可以像雕塑一样独立展示，比如这款取名 Ark（方舟）的竹制包包。Ark Bag 是 2018 年最热门的 It Bag 之一，令品牌在几年的默默无闻后一举成名。

Cult Gaia 经典款 Ark Bag

2017 年 12 月梅根·马克尔首次携带 Strathberry 包包亮相

Strathberry

品牌精髓：苏格兰手袋品牌的骄傲。

盖伊·亨德利比（Guy Hundleby）和莉安·亨德利比（Leeanne Hundleby）夫妻俩是苏格兰人，在旅居西班牙南部期间发现了一众历史悠久的皮革工匠家族，并被他们精湛的技艺和对皮革的深刻理解所折服。于是亨德利比夫妇回到苏格兰，于 2013 年创立 Strathberry，决心把西班牙工匠叹为观止的皮革手艺推广到全世界。品牌的标志设计元素是一条金属棒，灵感来自于多年前装乐谱的皮夹，简洁而独特。品牌平稳发展了四年之后终于等来了爆发的机会。2017 年底和 2018 年初，哈里王子未婚妻梅根（Meghan Markle）两次身背 Strathberry 包包现身公众活动，两款包包顷刻断货，品牌销售额翻了几倍。2018 年底，Strathberry 在伦敦开设专卖店，期待梅根王妃和她的粉丝们继续光顾和支持。

ZAC Zac Posen

品牌精髓：把高级定制时装风格注入手袋中。

纽约天才设计师扎克·珀森（Zac Posen）20 岁创立自己的时装品牌，23 岁获得 CFDA 女装设计大奖，堪称时尚史上的天才设计师之一。多年来，他的高级定制服装广受明星名媛的喜爱，经常出现在各大典礼的红毯上。中国超模刘雯曾在 2014 年纽约 Met Gala（纽约大都会艺术博物

| ZAC Zac Posen 经典款 Belay Crossbody

馆慈善舞会）上身穿以古根海姆博物馆的天窗为灵感设计的水绿色 Zac Posen 礼服，引起轰动，被评为当晚最佳着装。ZAC Zac Posen 手袋有定制礼服般光彩照人的魅力以及纽约女性的优雅和知性，匠心独具的金属扣格外引人注目，质感丰厚的双面牛皮传递奢华感。奥巴马夫人是 ZAC Zac Posen 手袋的粉丝之一，曾多次携带包包出席公众活动。

ZAC Zac Posen 2018 早秋款，以教堂的彩色玻璃为灵感装饰经典包包

Manu Atelier

品牌精髓：植根于土耳其皮革工艺的 It Bag 品牌

贝斯特·曼纳斯特（Beste Manastir）和梅尔夫·曼纳斯特（Merve Manastir）姐妹俩生于伊斯坦布尔，从小在父亲的皮革工作室里饱受熏陶和训练，对皮革的脾性和运用有深入骨髓的体验。2014 年，姐妹俩创立手袋品牌 Manu Atelier，其初衷是向世人展示土耳其皮革工匠的技艺和创造力。品牌的标志性设计元素是一只向上的金属箭头，置于线条简洁的 Prestine 系列包包之上，辨识度非常高。在著名时尚博主 Eva Chen（陈怡桦）和《欲望都市》明星莎拉·杰西卡·帕克（Sarah Jessica Parker）的推荐帮助下，Manu Atelier 仅用两年时间便成为国际知名的手袋品牌。

Manu Atelier 经典款 Mini Prestine
我在巴黎 showroom 选的 Manu Atelier 2020 早春款

| Manu Atelier 设计师姐妹贝斯特·曼纳斯特和梅尔夫·曼纳斯特

崛起的亚洲设计师手袋品牌

不久前我去意大利佛罗伦萨旅行，住在新圣母教堂（Santa Maria Novella）广场上的一家小酒店里。有一天黄昏时分，我跑步回来，只见彩霞满天，古老的意大利中世纪广场被蒙上一层微醺的金粉色。来自全世界的旅游者，欧洲的、亚洲的、非洲的，高矮胖瘦各异，肤色深浅不一，悠闲地坐在长凳上，听教堂前的街头歌手唱《纽约，纽约》。这一场景令我莫名感动。人类拥有悠远漫长的历史，多个同源和不同源的古老文明，成千上万种精彩纷呈的文化，然而我们的世界却越来越平，平到不同族裔和背景的人们能在这个美丽的黄昏，无比和谐地坐在一起，共同欣赏一首赞美纽约的歌。

在这个越来越平的世界里，我注意到，风格和审美的地域性和民族性正在逐渐弱化。纽约风格和巴黎风格有什么分明的区别吗？显然没有。极简曾经是北欧设计师的签名风格，如今已成为国际审美；以极简风格声名鹊起的手袋品牌 Mansur Gavriel 的两位设计师并非来自北欧，而是美国和德国。

我想这种时尚风格的国际化或许来自消费者审美的国际化。越来越多的消费者，特别是新一代消费者生活在多元化的环境中，从小学习多种语言，在全球旅行中接触世界各地的文化。他们见多识广，思维开放而包容，审美取向自然趋于表达这种现代生活方式和价值观的国际风格。

时尚设计师作为时代审美的代表人群，她们的背景也往往非常国际化。比如我的朋友，手袋品牌 Heirloom 创始人之一蒂芙尼·吴（Tiffany Wu）在纽约出生长大，现居上海，说一口流利的中文。前不久我和瑞典手袋品牌 Little Liffner 设计师波琳娜·利夫纳·冯·赛多（Paulina Liffner von Sydow）交谈，我注意到她的美式英语几乎没有口音。

在日趋活跃的设计师手袋品类中，来自亚洲的设计师品牌逐渐崛起，其中不乏风格独特和审美卓越的代表。这些设计师往往出生在亚洲，青少年时期前往欧美学习和工作，然后创立自己的品牌。他们的顾客来自世界各地，而不仅限于本地和本民族。下面我挑出几个广受赞誉的亚洲设计师手袋品牌，请读者朋友鉴赏。

泰国设计师品牌 Boyy

Boyy 是当今炙手可热的设计师手袋品牌。我相信很多读者对 Boyy 的超大扣经典设计并不陌生，但不一定知道设计师夫妇是来自泰国的旺纳西里·孔曼（Wannasiri Kongman）和来自加拿大的杰西·多尔西（Jesse Dorsey）。创立于 2004 年的 Boyy 远非一夜走红，而是用了十年的时间渐渐为人所知，步步为营地变成时装周潮人的"手臂上的糖果"（arm candy）。

纽约时装周上博主特丽丝·赫尔斯特伦的 Boyy 包包

Boyy 设计师夫妇旺纳西里·孔曼和杰西·多尔西

香港设计师品牌 Cafuné

奎妮·范（Queenie Fan）和戴·刘（Day Lau）是一对儿时的好朋友，长大后奎妮去美国读设计，戴去英国读经济，然后各自回到香港，于 2015 年共同创立手袋品牌，并为之取了一个充满诗意的葡萄牙语名字——Cafuné，意为轻抚爱人的头发。

Cafuné 包包浪漫如其名，但同时拥有都市女性的干练，线条简洁优美，细节丝丝入扣。不久前我在巴黎时装周见到两位创始人，奎妮优雅而温柔，戴热情而直爽，果然是一对默契的好搭档。

| Cafuné 经典桶包

设计师奎妮·范在巴黎时装周为我展示新品

香港设计师品牌 Senreve

出生在香港的柯罗尔·钟（Coral Chung）和温蒂·文（Wendy Wen）是不折不扣的现代精英女性。柯罗尔毕业于美国常青藤联盟里的宾夕法尼亚大学，温蒂毕业于麻省理工学院，双双获得斯坦福大学的 MBA，并拥有丰富的时尚职场经历。然而她们却找不到一款适合精英女性生活方式的、既风格出众又功能强大的包包，于是决定创立自己的品牌。Senreve 包包拥有极简的款型和令人过目不忘的线条，经典款 Maestra Bag 实用性极强，可轻松而稳妥地装下电脑，可手提、可斜挎也可双肩背，并采用特殊方式处理皮革使其防水而耐磨。借助社交媒体的力量，Senreve 继 2017 年创立以来很快得到时尚媒体和消费者的热烈关注。

Senreve 经典款
Maestra Bag

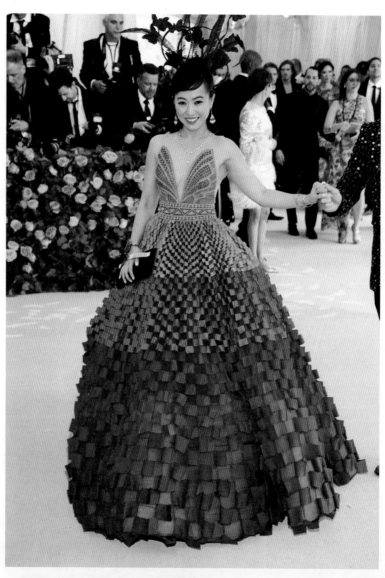

| Senreve 创始人柯罗尔·钟 在 2019 年 Met Gala 上

日本设计师品牌 Vasic

　　水尾加乃子出生、成长在东京，然后搬到巴黎，之后又搬到纽约。她的职业也同样多姿多彩，从发型师到香薰蜡烛设计师，再到手袋设计师。Vasic 创立于 2014 年，其独特而原创的设计惊艳手袋界，很快聚集了众多忠实粉丝。设计师不用金属件，以皮革绳结展示奢华牛皮的魅力，并擅长使用亚洲消费者喜爱的中性色调，极简、经典而优雅。

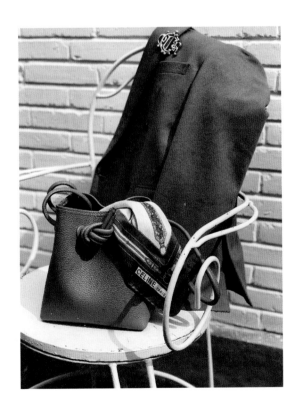

Vasic 经典桶包 Bond Mini（图片由 @ 是我熊二嫂 提供）

韩国设计师品牌 Rejina Pyo

Rejina Pyo 是时装界一颗冉冉升起的新星。生于首尔的雷吉娜（Regina）步母亲后尘学习艺术和设计，并顺利成为一名女装设计师。然而她不愿被局限在韩国市场，而是对欧洲的前沿时尚充满好奇。2008 年，雷吉娜如愿以偿进入伦敦圣马丁艺术设计学院学习，硕士毕业后于 2012 年创立自己的品牌。虽然雷吉娜·朴（Regina Pyo）是一位时装设计师，但她的包包充满特立独行的魅力，似乎比服装更加引人注目。

时装设计师雷吉娜·朴在伦敦时装周 T 台秀谢幕

Rejina Pyo 最受欢迎的经典款饭盒包包

韩国设计师品牌 Gu_de

　　著名的鼻祖级电商平台 Net-a-Porter 上有一个"先锋"(Vanguard)
频道，展示平台甄选出的、优秀的新锐设计师品牌。这个频道里手袋设
计师品牌只有五个，Gu_de 是其中之一。Gu_de 由韩国姑娘邱智慧（音
译，Ji Hye Koo）于 2016 年创立，品牌的名字来自英语 good 的古代发音，
有点古灵精怪的感觉，也正如设计师的创意风格。Gu_de 包包挺括有型，
擅用鳄鱼压纹，把 1970 年代的复古风和现代女性的干脆利落融合在一起，
优雅中透出毫不刻意的性感。

我在巴黎时装周拍摄的 Gu_de 经典款鳄鱼纹 Milky Bag

Net-a-Porter 买手伊丽莎白·冯·德·戈尔茨身背 Gu_de 包包

中国设计师品牌 IAMNOT

IAMNOT 背后不是一位设计师，而是一个设计团队，但品牌的创意方向来自主理人 Maggie。我和 Maggie 从未谋面但互通微信，她的朋友圈向我展示了一个才华出众、敢想敢干、不畏张扬个性的姑娘。IAMNOT 包包紧随潮流但不被潮流拘束，细节里透出小小的桀骜不驯，正适合越来越自信的中国女性。

IAMNOT 手提包（图片由 @kopoli 提供）

中国设计师品牌泽尚 ZESH

　　泽尚是我最早关注的中国设计师手袋品牌，也是最早显示出具有国际水准的设计实力的中国设计师品牌。"90后"创始人董昊泽2013年毕业于美国南加州大学会计专业，2014年即回上海创立泽尚。泽尚年轻的设计师团队来自全世界，拥有多元文化背景，他们的作品充满青春的朝气和不拘一格的魅力。泽尚的经典款"缺角"包包Cubelet风格凌厉，其几何造型充满现代艺术的清新。

泽尚经典款 Cubelet
（品牌提供）

从手袋到人生

购买手袋的四大困惑

　　我的职业是手袋买手兼时尚精品店管理者，在凯特周创立的最初几年也做过客服。十一年来，我接触过很多设计师和消费者，完成过数以千计的品牌订货，也回答过同样多的顾客提问。我感到消费者或许对设计师和时尚行业的运作缺乏了解，所以在购物中产生很多困惑。在这篇文章里，我希望从买手的视角为消费者解惑，从而帮助大家更好地享受时尚，更有效地决策购物。

困惑1: T台上有些特别夸张的手袋款式，谁会买呀？

　　答案是，那些夸张的包包款式很可能没人买，但这并不重要。

　　最初的时装秀是专为买手举办的，服饰当场展示，买手当场订货。现在的时装秀是品牌营销的重要手段，意在营造气氛和话题，到场嘉宾主要是纸媒网媒、大小博主、明星名流，越有影响力越好。视频直播流行起来后，时装秀的观众更是囊括了所有时尚从业者和时尚消费者，场外观众甚至比场内观众更加重要。至于买手，早已改成在设计师的商品showroom订货，去时装秀的目的主要是捧场和社交。

Moschino 时装秀以诙谐和搞怪造型包包著称，这是 2016 年春夏秀上的药瓶包包

既然时装秀的目的是品牌营销，就必须有可供谈论和易于传播的故事，如果只是好看实用是不够的。好故事可以是极具个性的设计，或者颠覆三观的搭配，哪怕是特别难看的单品也好过平淡无奇。秀场观众边看边拍照，然后纷纷在社交媒体上赞美或者吐槽。消费者通过各种渠道看到图片和评论，就会感觉某个品牌人气很旺很受追捧，或许会喜欢上某件衣服、某款包包，或许会对某个搭配留下印象，甚至可能会记住设计师的名字。最后让众人兴奋的那几套衣服和包包有无订货并不重要，消费者反正不会买。他们买的是经典款包包、百搭款鞋子、印着 logo 和标语的 T 恤，或许还有一副设计师根本未参与设计、被品牌外包的太阳镜。

困惑 2：同一款产品，为什么在不同的国家价格不同？

其实这个问题或许应该是：同一款产品，为什么在中国的价格比品牌所在国（美国或者欧洲）高出这么多？

原因有三。第一，产品价格里含有进口关税。不同品类的产品进口关税有所不同，手袋类产品的进口关税大约是 10%，轻奢品牌手袋和多数设计师品牌手袋都属于这一类。有朋友问，很多国外设计师的包包是在中国生产的，难道在中国销售也涉及进口关税吗？答案是肯定的，外国品牌包包在中国生产也会产生关税。很多皮具 / 服装加工厂享受国家鼓励出口的优惠政策，产品必须出口才可以退税，企业才能挣到利润。所以外国品牌包包在中国生产出来后，先由生产企业出口退税，再由销售企业进口纳税。我们不妨这样看——国家把优惠给生产企业的税金，从进口企业那里收回来，最后由消费者承担。常见的在中国生产的外国品牌包括 Coach、kate spade、Tory Burch、Michael Kors、Rebecca Minkoff、ZAC Zac Posen 等，都需向政府缴纳 10% 的进口关税。

第二，增值税不透明。可能很多朋友不清楚，中国消费者购买大多数产品都需要付 17% 的增值税。增值税（VAT）并不稀奇，很多国家都有，但中国的增值税不透明。如果你在法国购买一只钱包，价格 100 欧元，增值税大约是 20%，你的收据上会写明钱包 100 欧元，增值税 20 欧元，一共 120 欧元。这样你就会很清楚自己付的钱里多少是商品的实际价格，多少是交给法国政府的税金。作为旅游者，你在离开法国的时候往往还可以把这 20 欧元增值税要回来。如果在中国购买一只钱包，收据上只有实收金额，很多消费者不知道自己付的钱里有一部分是增值税，以为实收金额就是产品的价格，怪不得比国外高多了！

第三，商业地产价格高。大家都知道商场东西贵，这是什么原因呢？北京和上海等中国的一线城市已跻身全世界消费最高的城市，其商业地产价格直追纽约和东京。高额租金重压下的商家自然要把一部分费用转移给消费者，产品的价格又要提高若干个百分点。因此许多商场专卖店沦为试衣间，消费者在店里选好，回家上网找低价渠道购买。尽管实体店很难赢利甚至时常亏损，但很多品牌为了整体营销依然选择维持专卖店，力求把专卖店的损失从其他渠道补回来。

最近有些朋友问我，2018 年开始的中美贸易战对包包价格有影响吗？我的回答是，中美贸易战对美国设计师品牌的价格有影响。由于有些美国设计师品牌的市场主要在美国，所以很多产品必须出口到美国。尽管中国没有对从美国进口的包包提高关税，但美国对从中国进口的包包提高了关税。关税的提高增加了品牌的成本，有些品牌无法吸收增加的成本，就只能通过提高价格来应对。Coach、Michael Kors 以及 ZAC Zac Posen 等美国设计师品牌都在受关税影响之列。

其实这场贸易战对手袋行业的影响极为深远。几乎所有的手袋加工企业都已着手把工厂搬迁到东南亚，比如生产成本和关税更低的越南、泰国、缅甸等国家。据我所知，很多企业已经搬迁完毕，剩下的企业正在搬迁。目前，中国的手袋加工厂已面临订单大幅减少的挑战，有些工厂转型生产其他产品，有些工厂则积极寻求国内手袋品牌订单或者自创手袋品牌。正如狄更斯在《双城记》里所说："这是最好的时代，也是最坏的时代。"我相信在中国手袋加工业面临转型的同时，中国手袋设计师品牌将飞速发展。

困惑 3：某款产品在品牌官网打折了，代理商 / 精品店为什么不打折？

为了回答这个问题，我先解释一下代理商 / 精品店的采购流程。一般来说，品牌 / 设计师会在产品上市之前六个月完成设计并准备好样品，请代理商前来 showroom 订货。订货结束后，品牌会把所有代理商的订货和自身销售渠道的订货汇总在一起，有些订货非常少的款式因达不到工厂要求的最低起订量而被取消。然后品牌着手采购皮革和金属件等原材料，将订单分配给不同的工厂，并安排生产日期。到了产品上市季节，工厂如期完成全部生产订单，再经过出口流程将一部分产品发往品牌自己的仓库，另一部分产品发往代理商仓库。以凯特周为例，我们代理的所有国外设计师产品都由深圳进口，入仓至我们在深圳的物流中心。

由此可见，品牌和代理商 / 精品店有各自的库存。对于同一款产品，各代理商的订货量不同，因此库存深度也不同。这就可以解释为什么有的款式官网还有货而代理商卖完了，或者官网卖完了而代理商还有货。官网大幅度优惠的款式一般是库存比较多的清仓款，而代理商根据自己的库存情况不一定需要清仓，或者清仓的款式不同。基于以上情况，代理商一般是不会跟官网同步打折的。

困惑 4：为什么当季的款式颜色卖完就不再有了？

这是我做客服那些年被问最多的问题，没有之一。这个问题有很多版本，比如"哦，黄色卖完了，什么时候再有货""黄色卖完了没关系，到货后请告诉我，我等着"，或者"我想要黄色的，能帮我再做一只吗？我交定金哦"。

看起来很多消费者对设计师产品的季节性不太了解，我正好借此机会谈谈这个时尚消费的基本概念。

时尚设计师一年分两到四季出新款。规模小的设计师出两季——春夏款和秋冬款；规模大的设计师出四季——度假/早春款，春夏款，夏季/早秋款，秋冬款。对手袋设计师来说，每季推出的款式分为经典款和时尚款。经典款是设计师的标志款式，也是经过证明成功的款式，是品牌赖以生存的主要收入来源（bread and butter）；时尚款是创新款，是设计师抒发创意、大胆尝试或者紧跟潮流趋势的产物。时尚款如果成功，会在下一季继续，并有可能成为新经典款；如果不成功，下一季就不会回来。无论经典款还是时尚款，每个款型大约有四到八个颜色选择。

颜色和季节密切相关。春夏款颜色浪漫温柔，比如花瓣粉、薄荷绿、丁香紫。夏季款颜色清凉馥郁，颜色稍重，比如孔雀绿、西瓜红、柠檬黄。秋冬款颜色浓厚丰满，各种饱和度高的颜色当道，比如葡萄紫、芥末黄、宝石蓝。度假款是灰蒙蒙的冬天里的一抹明亮色彩，表达节日的喜庆和人们对春天的期待，颜色往往明媚艳丽，比如橘红、桃粉、水蓝。

颜色选择是手袋设计的重要部分，设计师会凭借本季的灵感故事、流行色预测以及个人喜好选定几个颜色。前面说过品牌根据代理商的订货情况确定每个款式和颜色的生产数量。比如某个新款包包黑色最受欢迎，红色次之，黄色比较小众。最后品牌决定黑色做500只，红色做300只，黄色做100只。如此说来，这款黄色的包包全世界只有100只，卖完就没有了。可能有些消费者会想象设计师仓库里有世界上所有的颜色，某个颜色卖完了就会自动补充。比如我想要这款酒红色包包，虽然酒红是秋冬的颜色，但是我认为夏天也能买到。消费者有这种想法很自然，可惜从目前的生产流程来看是无法实现的。

意大利品牌 Sharkchaser 2019 秋冬款，有经典的黑色、棕色和红色，也有季节性的钢灰色、孔雀蓝和婴儿粉

　　那么为什么设计师不多做一些颜色？这是因为，第一，时尚的灵魂是变化，只有不断变化才能引人入胜。从大自然提炼出的适合穿着的色彩就只有这么多，如果这一季出五十个颜色，下一季该如何是好？第二，每款每色设计师都要做出样品呈现给代理商和媒体，订货不足的颜色会被取消。如果款式颜色太多，势必导致订货分散，成本提高，效率降低。因此除了少数主打色彩的品牌采取款式少而颜色多的策略，多数设计师都不会在一季里提供过多颜色选择。

如果你真的想让设计师为你做一只卖完的黄色包包，花费将是非常可观的。首先，设计师需要联系皮革供应商，询问能否买到半年前订购的那种黄色牛皮。很有可能这时皮革供应商仓库里已没有同样的黄色皮革了。即使还能买到，设计师通常不能只买一只包包的皮料，而至少要买能做二十只或者五十只包包的皮料。皮料买到了，安排生产也是个难题。跟设计师合作的工厂往往不接受很小批量的订单，设计师还要想办法，或许可以让样品间的工人为你做一只。可以想象，如果设计师真的为你做出这只黄色的包包，他和他的团队付出的时间和精力该有多么多，产生的相关费用该有多么高。

上述黄色包包的情况其实属于定制服务的范畴。只有能提供定制服务的品牌，比如 Hermès、Moynat 和日本品牌 Nagatani，才能让顾客在一定范围内实现个性选择，并且做到价格合理和质量稳定。要实现高水准的定制服务，为品牌供货的皮革供应商必须有稳定的皮料来源，以保证皮革的纹理、质感和颜色常年不变。

或许你一时没买到最想要的颜色，但这并不是世界末日。很多经典色每年都出，只不过每年的版本在深浅、皮质和纹理方面略有不同。比如海军蓝、大红色、深棕色、酒红色、蓝绿色、淡粉色、蜜橘色、深紫色、浅灰色、乳白色，这些都是消费者百看不厌、设计师也百用不厌的颜色。今年卖完了，明年还会来！

购买手袋的假货之痛

达娜·托马斯（Dana Thomas）是美国
著名的时尚记者和撰稿人，她的 2007 年年度
《纽约时报》畅销书《廉价的奢华》（*Deluxe:
How Luxury Lost Its Luster*）作为时尚史的一
部重要著作，讲述了奢侈品牌如何由富人专
属演进为中产阶级消费选择的过程。书里有
个小故事非常有趣。2004 年，Giorgio Armani
上海外滩店开幕，为报道此事，托马斯女士
第一次来到中国。兵马俑是许多西方人的必
访之地，因此开幕活动完毕后托马斯和丈夫
来到西安，下榻在崭新的凯悦酒店（Hyatt Regency）。

2007 年纽约时报畅销书
《廉价的奢华》

住进酒店的第二天早晨，托马斯夫妇发现大堂电梯上去的一间会议
厅里在进行售卖活动。进去一看，十几个摊位上摆满了奢侈品牌服饰，
有 Gucci 鞋子、Givenchy 衬衫、Versace 毛衣，等等。托马斯怀疑这些
商品是假货，可是她能识别出货品的质量非常优秀。托马斯让丈夫试穿
了一件 Burberry 风衣，感觉很棒，一问价格，居然只要 120 美元，而当
时这件衣服在美国专卖店的售价是 850 美元。纠结了一天之后，夫妇俩

决定购买那件风衣。但是当他们回到那间会议厅，却发现所有摊位都莫名其妙地消失了。

达娜·托马斯在西安遭遇假货的 2004 年，正是 Made in China（中国制造）的巅峰时点。中国自 1970 年代末实行改革开放，二十几年来制造业飞速发展，2001 年加入 WTO 后进一步融入全球经济，成为世界上规模最大、能力最强的服装、鞋子和手袋生产基地。中国充足的劳动力和不尽完善的劳保制度为低廉的人工成本提供了可能；产业链的完备和从业人员的丰富经验为产品的高品质提供了保障，因此很多国际时尚品牌首选中国作为代加工基地。2004 年也是中国中产阶级初步形成的节点。可支配收入逐年增加的人们不再满足于吃饱穿暖，生活品质是新富的企业主阶层和日益壮大的白领阶层的最强诉求。1990 年代初，Louis Vuitton、Cartier、Prada 等一众奢侈品牌进入中国，耐心耕耘数年后终于进入主流消费者视线，成为中产阶级心向往之的身份和品位的象征。2004 年的中国，成熟的奢侈品制造业和日益旺盛的品牌需求同时在线，奢侈品假货市场也在这个时点水到渠成地起飞了。

2000 年代初就读于商学院期间，我曾在美国得州奥斯汀和达拉斯的 Louis Vuitton 门店实习。这段经历让我练就了一项十米之内识别假货的本事。比如，老花产品所用的黄色车线颜色正不正，粗细和韧性是不是恰到好处，我只需瞟一眼便心中有数。那时我经常自信地在北京地铁上操练辨认技能，感觉没有假货能逃过我的火眼金睛。但是几年后随着假货制造水平越来越高，我的自信开始屡屡受挫。有一次在某家著名的假货卖场，我发现很多商品实在真假难辨，甚至比正品质量还好。有一个著名的笑话说，如果你的 Prada 包包用过一年还没坏，那么你必定是买到假货了。

既然假货足以乱真，选择购买正品还是假货，并不关乎商品的品质，而关乎消费者自身的品位和原则，我在这里不做评判。但是我愿意帮助选择购买正品的朋友们买到正品。

如何鉴别正品无法用三言两语说清，但每个品牌甚至每个产品系列都有一些小门道。比如曾经有一个鉴别 Prada 包包的方法：看 logo 标牌上的 R。假货上 R 的字体看起来比较顺眼，右腿与身体的缝隙非常狭窄；而正品上 R 的字体看起来有点别扭，右腿和身体之间有一个刻意凹进的曲线。当然当这个鉴别方法被普遍应用之后，假货上的 R 旋即被改正过来。很多品牌曾试图用产品序列号防伪，然而道高一尺魔高一丈。事实上，既然假货制造商连购物小票都能伪造，可见消费者防伪的心机无论如何也拼不过不法分子造假的心机。

由于中国的假货制作水平足以乱真，我认为目前买到正品的保证只有两种。

一是对品牌产品非常了解。

多数手袋品牌每年推出四季新品，每季推出哪些系列、款式和颜色，每款采用哪种皮革、金属件和衬里是特定的。除非假货制造商在品牌团队安插间谍，否则这些设计细节不会轻易被外人获知。待设计定稿，零售商订货结束，品牌便会采购原材料并安排生产，产品于六个月后上市。假货制造商一般在产品上市后试图翻版照抄，但往往为时已晚，正品所采用的特定质地和颜色的材质已经采购不到了。所以对于某件产品来说，

其款式、颜色、皮革、金属件、衬里、拉链等细节有特定的搭配组合，如果搭配组合不对，肯定是假货，比如 Rebecca Minkoff 最早的黑白花衬里绝不会用在 2012 年后使用的 oil malaga 经典牛皮款式上。搭配组合对了，正品的可能性就非常大。这种鉴别方法虽然可靠，却不太实用。由于包包的设计和生产过程涉及很多不确定因素，各种各样的意外都有可能出现，比如皮革加工厂发生事故，导致品牌必须临时更换皮革。这些复杂的情况经常会把熟知品牌的专业买手搞糊涂，普通消费者就更加一头雾水了。

二是从值得信任的渠道购买。品牌专卖店和授权代理商是最可靠的购买渠道，不仅提供正品保障，多种服务也一应俱全。对于国内没有专卖店和授权代理商的品牌，知名的海淘平台是最直接的购买渠道。如果从其他电商平台购买，不管是多大的平台，最好亲自调查一下，看看此平台是否有销售假货的前科。简单地搜索就可以解决这个问题，输入关键字用"xx（平台）假货"即可。另外，并不是所有品牌都有代理商，Hermès、Louis Vuitton 和 Chanel 这几个奢侈品牌只在自己的专卖店和官网销售，不分销给其他渠道和平台。如果你在非专卖店或非官网看到这几个品牌，中古款除外，就只有代购这一种可能的正品渠道，需要仔细调查和辨别。

下面我再分享两个业内人熟知但普通消费者不一定了解的小常识，帮助大家买到正品，避免假货。

第一，99% 的原单产品是假货。很多商家号称自己的产品是原单，也就是品牌的代加工工厂利用多余的材料生产出来的一模一样的产品。然而实际情况并非如此。大多数品牌对原材料的管理非常严格，为工厂提供的皮革、金属件和其他原材料只比订单所需要的数量多出 5% 左右，以供替换瑕疵品之需。瑕疵品也会被品牌收回或者销毁，绝不会堂而皇之地出厂售卖。凯特周代理的一个设计师品牌曾经发生工厂工人和快递员里应外合偷出样品的事件，两名窃贼被厂方通过监控录像发现后均被逮捕。可见所谓正品"原单"的获取非常困难，甚至是犯罪行为。即使真有通过非法方式获取的"原单"，数量也一定非常少，况且谁会愿意购买偷窃出来的赃物呢？

第二，真皮手袋的假货比其他品类的假货少。假货制造商可以雇用到高水平的技术工人，使用先进的生产工艺，以保障假货的做工品质，但原材料却是个大问题。对服装来说，中国的面料制造业非常先进，除了极其特殊的高级面料只能从欧洲某产地进口，多数奢侈品牌的面料可以在中国生产，并可轻易被假货制造商获取。真皮材质则不一样。中国目前的皮革加工水平还不够高，奢侈品牌和多数轻奢品牌必须从欧洲（主要是意大利）进口皮革。越高级的皮革对动物的要求越高，而达到足够品质级别的动物数量有限，也不可能无限扩大产能。因此，高品质真皮手袋的假货数量会比较少，非真皮手袋的假货数量就比较多。比如Louis Vuitton 老花系列包包是 PVC 材质的，其制造工艺已被假货制造商掌握到炉火纯青，我再也没本事分辨出真假。

记得进入 21 世纪最初的那几年，街头充斥大牌假货，最常见的是两三百元的 Louis Vuitton Never Full 购物袋，软塌塌的提手白里泛绿，看起来丑陋而令人难过。不知从什么时候开始，这种品质低劣的假货越来越少，以至于今天几乎踪迹全无。或许是假货越做越真，也或许是越来越多的消费者拒绝假货。我相信更多是后者。

你用大牌手袋心疼吗？

　　不久前，有个帖子刷爆了我的朋友圈。一位姑娘花三万五千元买了一件 Chanel 花呢外套，发现洗后掉色，遂打电话向销售投诉。销售说："不好意思，我们的产品从来不考虑洗涤。"众人哗然，纷纷跟帖吐槽。

　　有人的羊皮 Chanel 包包用了几天就出现磨损，销售答这款包包不适合日常使用；有人的 Gucci 包包手柄折断，发现里面居然有纸质填充

　　一位顾客新买的 Chanel 包包链条断了

物，又惊又愕去问店方，答曰本来就是这样的哦；有人购买大牌鞋子时问如何保养，被告知我们的客户一双鞋子不穿第二次。

这个帖子引发了人们的热烈讨论。固然很多中国消费者对奢侈品牌产品不太熟悉，比如许多服装，包括 Chanel 花呢外套，只能干洗不能水洗，但是奢侈品牌产品的质量究竟应该达到什么样的水准，消费者应该对其抱有怎样的期待？

我不仅做了十多年手袋买手，还做过五年淘宝客服，也偶尔做实体店导购，因此比较熟悉中国消费者对奢侈品牌／设计师品牌手袋的期待和抱怨。总结下来有以下几条：

1. 期待皮革完美无缺；

2. 期待皮革不磨损不掉色；

3. 期待金属件不磨损不掉色；

4. 期待非皮革材质拥有与皮革材质一样的奢华感；

5. 对因审美和实用不可兼顾而做出的设计让步表示失望，比如自重大、容量小、没有拉链，等等。

很遗憾，消费者的很多期待是不现实的。

第一，天然皮革不是完美无缺的。用来制作手袋的牛皮和羊皮像人的皮肤一样，纹理不是完全均匀的，比如背部的纹理会紧致一些，腹部的纹理会松弛一些。所以在包包的正面和反面看到不同的皮革纹理十分正常。同样，动物皮革也和人的皮肤一样不是完美无缺的，蚊虫叮咬造

140

| Chanel 鱼子酱压纹牛皮

成的小疤痕在所难免。有些顶级奢侈品牌，比如 Hermès，会精选品质完美和纹理整齐的牛皮，制作出基本没有不规则纹理的包包。Hermès 选用皮革的超高标准导致废品率很高，因此包包的制作成本和价格也很高。

为了满足消费者对完美皮革的追求，很多品牌采用压纹的方法，在皮革上压制出均匀的荔枝纹和鱼子酱纹，很受消费者欢迎。Prada 于1970 年代末开发研制出一种十字纹牛皮，英文叫作"saffiano"，虽然完全不具备牛皮的自然纹理，但是整齐漂亮，防水防刮，因此十分讨喜，现已被众多品牌广泛采用。

第二，皮革不磨损和不掉色是不可能的。新包包拎出去用两天，难免会有使用过的痕迹，也就是微小的划痕和破损。连续用个把月后，包包出现比较明显的磨损痕迹是十分正常的。越娇嫩的皮革越不耐磨，比如 Chanel 著名的小羊皮，像婴儿的皮肤般吹弹可破。比较耐磨的皮革往往非常厚实，比如 Hermès 的 Togo 牛皮以抗划痕著称，但自重很大。也可见耐磨和轻便往往不能兼得。

如果磨损比较严重，消费者可以把包包拿到护理店做"补色"，也就是在破损处刷一层和包包同色的、质感有点像油漆的涂料。"补色"后，包包的磨损就被遮挡住了，但破损处的纹理和质感则无法恢复。

减少皮革磨损的唯一办法就是少用。不要长时间连续用同一只包包，经常换包包是个好办法。如果每周换包，你会发现包包似乎永远用不旧。

第三，金属件不磨损和不掉色是不可能的。手袋的金属件一般由合金和金属电镀层构成。高品质的金属件经过双层电镀，看起来饱满而均匀；低品质的金属件只经过单层电镀，看起来比较单薄。用过一段时间后，在经常摩擦的部位，比如底钉、搭扣、拉链头等处，电镀层就会变薄，出现磨损和掉色现象。

常见的金属都会氧化甚至生锈，哪怕是我们认为耐磨的重金属也不会永远闪闪发亮，比如金银氧化会色泽黯淡，铜生锈会变成绿色。为解决磨损的问题，很多设计师聪明地使用做旧感金属件，比如古董银和古董铜，因为原本便是旧旧的质感，所以额外的磨损和掉色完全显露不出。我个人很喜欢做旧金属件，使用起来毫无压力，其怀旧风格也自有魅力。

第四，非皮革材质不可能拥有与皮革材质相同的奢华感。很多消费者花上万元甚至几万元购买奢侈品牌的尼龙、帆布和 PVC 材质包包，于是期待这些非皮革材质包包在适用度、品质感和实用性方面跟皮革材质的包包一样。很遗憾，这是很不现实的想法。

　　每种材质有各自的特点，适于不同的场合和用途。比如尼龙轻便，适合旅行和运动；帆布休闲，适于购物和度假；PVC 耐磨，适于非正式的日常活动。换句话说，Prada 尼龙双肩包怎么也背不出贵妇感，Chanel 帆布购物袋再贵也不适合上班用，Louis Vuitton PVC 老花系列最好不要拿去参加婚礼。

　　第五，风格和实用往往不可兼得，哪怕是奢侈品牌包包也不是十全十美的。我听过很多姑娘省吃俭用购买人生第一只大牌包包的故事。这样一只寄托了很多梦想的包包，往往也被寄予了同样多的期待——貌美如花、结实耐用、大小合适、长短刚好、拉链齐全、安全防盗，外加适

| Prada 尼龙双肩包

用于所有场合。很遗憾设计师不是这样考虑的，他们往往会在风格和实用之间有所取舍，鱼和熊掌不可得兼。

时尚博主晚晚学姐说，买奢侈品不是值不值的问题，而是买得起买不起的问题。我认为她说得很有道理。

或许我们需要了解奢侈品牌是给谁用的。最初奢侈品牌的消费者数量极少，Louis Vuitton、Gucci、Chanel、Fendi 这些家喻户晓的名字几十年前鲜为人知，只有"用得起"的消费者才知道。1970 年代末开始的奢侈品牌民主化潮流，通过大规模资本注入和全球化市场营销，把奢侈品牌主体顾客群重新定位为中产阶级，让普通人能够偶尔"奢侈一把"。

虽然顾客群扩大了，但奢侈品牌的思路没变，品质没变，价位也没变。奢侈品牌并不会心疼那些吃半年方便面攒钱买包的小女生，为她们把包包做得用不旧磨不烂；也不会考虑到多数人衣柜里没几只大牌包包，为她们把包包设计得面面俱到和适用于所有场合。奢侈品牌当然想赚中产阶级的钱，但他们的服务对象依然是那些"用得起"的人。

"用得起"是什么概念？如果你买一只三万元的包包就像普通人买三百元的包包那样轻松，你就属于"用得起"的消费者。这样的消费者自然会毫不在意地把包包放在地上拖来拽去，自然不会纠结于边角磨损和金属氧化，也自然会把帆布包当帆布包用，把尼龙包当尼龙包用，并享受这些材质带来的轻松自在。

虽然我们不能把三万元当三百元花，但"用得起"的态度可以有。合情合理的磨损就让它发生吧，我们能够承受。抱怨 Chanel 羊皮包娇贵的朋友们，不如好好享受小羊皮柔嫩亲肤的美妙感觉。纠结 Balenciaga

机车包变色的朋友们，不如好好欣赏羊皮在日照下变色的独特效果。为 Louis Vuitton 植鞣牛皮手柄做专业清洗的朋友们，或许不需要花好几百元，自己用皮革清洁剂擦擦就可以了。还有那些给 Rimowa 箱子加个套的个别同学，用不着这么过分，赶紧把套子拆下来吧。

一个人用什么价位的包包不心疼或许反映出他的生活方式和思想境界。向往奢侈品不是虚荣，不买奢侈品更不值得羞愧。当你的内心足够丰富强大，你就自由了，不需要用奢侈品来装点自己。内心自由的你选择任何包包都出自由衷的喜欢。因为你浑身散发出自内向外的美，所以用什么都好看。

消费者为什么迷信大牌手袋？

我读过很多时尚博主回忆自己成长经历的文章，她们几乎都会提到"人生第一只大牌包包"，而这些大牌基本上是 Louis Vuitton、Gucci、Chanel、Prada、Fendi 这几个耳熟能详的名字。

多年前，我遇到一位投资人，向他介绍独立设计师手袋品牌。他听得非常认真，脸上却始终挂着费解的表情。最后他问："可是……这些设计师品牌包包也要几千块一只，却不是 LV，我为什么要买呢？"

无论是时尚博主把拥有大牌包包提升到实现梦想的高度，还是投资人无法理解不知名设计师手袋的价格可以是几千元而不是几百元，或许都说明一个无可辩驳的现象：中国消费者对大牌包包非常迷信。

所谓迷信，就是盲目相信和崇拜。我相信任何形式的迷信都或多或少出于对迷信对象的缺乏了解。时尚对于大多数人来说只是生活的一小部分，不了解不足为怪。我自己在很多方面也很无知，比如球赛、网游和电器。我曾经在网上买过一个黑莓充电器，用过一次就坏掉了，被孩子爹耻笑。当时我并不知道自己十元钱买到的是假货，因为我对充电器完全不在行，不了解真货的价格是六十元。所以我能想象花两千元买 Louis Vuitton Neverfull 的消费者或许同样不清楚自己买到的是假货，因为她不了解真货的价格要上万元。

包包虽然不是大学问，但全面了解也需要具备浓厚的兴趣、一定程度的文化修养和多年的使用体验。如果一个人没有亲自使用和比较过各种奢侈品牌、设计师品牌和大众品牌，她当然不清楚这些品牌的区别；如果一个人对皮革缺乏了解，甚至分不清真皮和人造皮革，她当然无法鉴定某个品牌是否用皮考究，某款包包的皮革是否真正奢华；如果一个人不了解品牌历史和现今流行，她当然分不出哪款包包是原创，哪款包包是借鉴，哪款包包是抄袭；如果一个人尚未形成独立的审美品位，她当然无法从众多品牌和设计师中挑选出最适合自己的，而只能跟风买大牌和爆款。

那么如果一位消费者希望把独立设计师纳入选择范围，她一定希望了解独立设计师包包和大牌包包的区别究竟在哪里。或许我可以用 MZ

MZ Wallace Marlena
尼龙双肩包

Wallace——一个在纽约街头出现频率非常高的独立设计师品牌来举例。MZ Wallace 由两位纽约女性创立于 1999 年，从最初就坚定地专注于适合都市女性生活方式的尼龙包，时髦、实用、精致、耐磨是品牌对产品始终不变的追求。两位创始人在包包的材质上狠下功夫，自行研发出两种尼龙材质，柔软而结实的 Bedford 和轻盈而有型的 Oxford。如果一位对 Prada 尼龙双肩包非常熟悉的消费者遇到 MZ Wallace 尼龙双肩包，她会惊讶地发现 MZ Wallace 包包的 Bedford 尼龙更柔软和结实，质感和手感更出色，配皮更讲究，设计细节更贴心实用，做工更精细，价格却不到 Prada 包包的一半。而作为买手，我还能了解到，两个品牌的手袋是同一家中国工厂制造的。

既然很多独立设计师包包的性价比明显优于大牌包包，为什么很多消费者依然会选择大牌包包呢？有些人或许会嘲笑那些买大牌包包的消费者虚荣，我认为很不公平。虚荣心是十分正当的，追求时尚难道不正是为了满足我们的虚荣心么？比如，今天我穿件漂亮衣服就是给别人看的，希望被别人认为会打扮和有品位；我背只漂亮包包也是给别人看的，希望被别人认为时髦和与众不同。我们鄙视虚荣并非出于否定虚荣心本身，而是对有些人为满足虚荣心采用的手段和付出的代价不甚认同。

中国消费者二十多年前才开始接触国际时尚和奢侈品牌，十多年前才开始大规模购买奢侈品牌产品。于是很多消费者把时尚等同于奢侈品牌，认为时尚就是 LV、Gucci、Chanel、Prada、Fendi 等。我相信这种暂时性的"迷信"是消费者全面提升品位、获取知识、走向理性的必经阶段，是正常和健康的。日本消费者曾经走过一模一样的路，只不过比我们早二三十年。

　　至于奢侈品牌为什么能卖如此高价，答案很简单：Because they can（因为它们就是能）！时常有人出来揭露大牌的"暴利"，比如 Louis Vuitton 老花包包的材质成本只有二百元之类，我认为这种揭露是无聊和不公平的。奢侈品牌再贪得无厌，购买也是消费者的自愿行为。前不久，我在美国某奢侈品论坛里读到一则讨论：Louis Vuitton 最新推出一款无线耳机，售价 990 美元，到底值不值得买？有位刚买了此耳机的消费者说，她很清楚 Louis Vuitton 这款耳机是音响公司 Master & Dynamic 生产的，而同款 Master & Dynamic 耳机仅售 299 美元。她认为同样的耳机打上 LV 老花 logo 卖到 990 美元物有所值，因为她就是想要一副红底加白色 Louis Vuitton logo 印花的耳机。

　　学过经济学的朋友们都知道，虽然产品的成本是一定的，但价值却是主观和相对的，同一款产品对不同的人价值不同。比如同一个汉堡包，特别饿的人愿意花二十元购买，不太饿的人只愿意花十元购买。时尚产品也一样。再拿 Prada 双肩包和 MZ Wallace 双肩包举例，如果我在两款包包中做选择，会从性价比和品牌价值两方面来考虑。在性价比方面，由于我了解两款包包各自的特性，而 MZ Wallace 的价格不到 Prada 的一半，MZ Wallace 自然胜出。在品牌形象方面，我认为小众设计师更能体现个人品位以及自己作为精明的消费者的成就感。我周围的朋友也和我想法类似，对尽人皆知的 logo 稍有抗拒，因此 MZ Wallace 再次胜出。

　　但很多其他消费者或许会做出不同的选择。在性价比方面，如果一个消费者对两款包包的特性不甚了解，她便不会自信地认为 MZ Wallace

优于 Prada。在品牌形象方面，如果她周围的朋友只知道 Prada，并时不时好奇地向她询问为什么花两千多元买一个没听说过牌子的包包，她很可能会比较苦恼。在这种情况下，尽管 Prada 的价格比 MZ Wallace 高很多，这位消费者很可能还是会选择 Prada。

奢侈品牌每年花费巨资做营销活动，包括隆重的时装秀，豪华的大型 party，新颖别致的平面和网络广告，五花八门的产品植入，邀请博主们在全世界飞来飞去参加活动，这些成本自然摊在产品里由消费者买单。营销活动产生的效应便是品牌形象给消费者带来的感觉——时尚、绚丽、独特、尊贵，等等。这种感觉对我来说价值不大，所以我或许不愿意花钱购买；但对有些人来说，每一分钱都值。

记得多年前我们的一位顾客买过一只纽约设计师安德里娅·布鲁克纳（Andrea Brueckner）的包包。她曾给我留言说："这只包包是我平生买过最贵的。皮质非常柔软，水洗做旧感很强，很遗憾在国内一直得不到认同，朋友们都觉得这四千多块钱花得不值。直到有一次去客户公司拜访时被他们的国外设计师认出，这才算是回了本。"

上面这段留言写于十年前，也反映了当时独立设计师品牌在中国的认知度和接受度非常低。现在我非常开心地看到，盲目追求大牌的消费者越来越少，而认同和欣赏独立设计师的消费者越来越多。与此同时，奢侈品牌在中国市场面临越来越多来自独立设计师品牌的竞争，因此不得不在设计和质量上认真下功夫，这也是符合消费者利益的好事。我期待在今后的十年里，优秀的独立设计师越来越多，奢侈品牌的创新越来越多，消费者的选择也越来越多。

从设计师品牌到生活方式品牌

　　Rebecca Minkoff 是最早入驻凯特周的手袋品牌之一，也无疑是我们店知名度最高的品牌。2008 年,我和设计师瑞贝卡（Rebecca）初次见面，彼时她的公司只有四个人。十年后，Rebecca Minkoff 工作室占据纽约熨斗区（Flatiron District）百年建筑的一层楼，产品遍布全球大小专卖店和精品店。我作为买手从 2008 年开始采购 Rebecca Minkoff 包包，一年

Rebecca Minkoff 2014 春夏广告图

四季出新品，至今已采购了四十季。设计师自 2005 年以经典款 MAB 和 MAC 崭露头角后，不断推陈出新，并陆续扩大产品线。2009 春夏推出成衣，2010 秋冬推出鞋子，2012 春夏推出墨镜和香水，2013 年春夏推出首饰。手表和手机壳紧随其后。今天，Rebecca Minkoff 已由设计师品牌演变为生活方式品牌。

设计师对品牌发展有各自不同的设想。有的设计师不求最大但求最精；有的设计师梦想自己的名字家喻户晓；有的设计师看重独立创意多过讨好市场；有的设计师则紧追潮流，务必让买手满意。

拥有雄心壮志的品牌都期望成为生活方式品牌。所谓生活方式品牌就是以文化为核心，为消费者带来归属感的品牌。生活方式品牌旗下不是单类产品，而是相关的多类产品。当一个品牌以单类产品为起点建立起鲜明的品牌形象，培育出大批忠实顾客后，便可尝试延伸至其他品类。当一个品牌成长为生活方式品牌后，不但现有顾客会购买更多产品，还能通过多品类吸引更多新顾客，如此形成良性循环。在时尚产业，以服装或配饰为核心的品牌延伸很常见，比如 Hermès 从皮具和丝巾延伸至家居产品品牌 Hermès Maison（爱马仕之家），Armani 从服装延伸至酒店产品品牌 Armani Hotels & Reports（阿玛尼酒店），Tiffany 从首饰延伸至餐厅产品品牌 The Blue Box Café（蓝盒子咖啡馆）。

从设计师手袋品牌发展为家喻户晓的生活方式品牌的，有两个非常成功的案例，kate spade 和 Coach。

迪拜的阿玛尼酒店
蓝盒子咖啡馆

kate spade

　　kate spade 是我拥有的第一只设计师包包，1998 年从费城高端百货连锁店尼曼（Neiman Marcus）购入。那是一款简约的黑色尼龙小背包，用过多年依旧簇新，至今还被我存放在柜子里。kate spade 的品牌形象可以用"preppy"（预科生风）来概括。"Preppy"这个词来自"prep school"，意思是大学预科班，特指美国东北部常春藤大学预科班。"Preppy"是一种特定的美国精英文化，产生于 17 世纪以来跨越大西洋登陆美国东岸的欧洲移民。新移民在新大陆白手起家积累财富，两百年后创造出美国本土的精英阶层，并形成自己的本土文化。美国精英文化风格的精华是传统中见活泼，朴实中见精致；偏爱经典大方、实用耐久，厌恶张扬露富、浮夸造作。"Preppy"风格传播到中国，我想或许可以用"小资"来形容。

　　创立之初，kate spade 以简约方正的单肩包和手提包闻名，线条干净利落，无多余装饰。色彩方面，kate spade 擅长使用高饱和度的纯净色——黑色、红色、绿色和粉色，尤其是她家最为经典的绿色和粉色，正是 preppy 们挚爱的度假胜地佛罗里达棕榈滩的心情颜色。

　　品牌创始人凯特·布罗斯纳汉（Kate Brosnahan）是一位传奇人物。1986 年，23 岁的凯特从内陆小城堪萨斯来到纽约，在时尚杂志《女士》（Mademoiselle）担任配饰版编辑。七年后，凯特创建手袋品牌 kate spade。之所以把"spade"放在品牌的名字里是因为凯特本人的姓氏比较拗口，而"spade"是未婚夫安迪·斯佩德（Andy Spade）的姓氏（二人于 1994 结婚）。二十年前的 kate spade 是轻奢设计师品牌的先锋，其独特的风格和平易近人的价位成功填补了奢侈品牌和大众品牌之间的真空，在美国市场迅速崛起。美版 *Vogue* 主编安娜·温图尔（Anna Wintour）曾回忆说，那时在纽约街头，走过一个街区而看不到 kate spade 包包几乎是不可能的。

凭借手袋成功带来的强劲势头，kate spade 产品线不断延伸，从时装、鞋子、珠宝、墨镜，到家具、餐具、文具、浴具，甚至睡衣、壁纸、身体乳液、结婚请柬。为拓展男性市场，kate spade 另创品牌 jack spade。

Kate Spade 夫妇和著名女演员蕾切尔·布罗斯纳汉。蕾切尔是凯特的侄女，也是大热美剧《了不起的麦瑟尔夫人》（*The Marvelous Mrs. Maisel*）的女主角，于 2019 年 1 月获金球奖

纽约第五大道上的 Frances Valentine 专卖店

kate spade 于 2006 年被上市公司丽诗加邦（Liz Claiborne）收购。易主后的 kate spade 和所有上市公司一样，股东利益最大化成为品牌的终极目标。然而令人遗憾的是，资本的注入虽然助 kate spade 充实了产品线，却使品牌在跟进潮流的同时逐渐丧失个性。

记得十几年前我曾经非常爱逛 kate spade 专卖店，那些令人愉悦的凯利绿色和海棠粉色总能瞬间点亮心情，产品设计则在轻松和幽默中藏着不折不扣的品位。如今走进 kate spade 专卖店，品牌最初的精神已不见踪影，有时我很难分清一只包包是 kate spade、Michael Kors、Tory

Burch 还是 Furla。

话说创始人凯特卖掉品牌后专注于抚养女儿，十年后又和丈夫安迪以及大学同窗好友埃利塞·阿伦斯（Elyce Arons）低调创立了新品牌 Frances Valentine。弗朗西斯（Frances）是凯特女儿的名字，Valentine 是生于情人节的凯特的外祖父的名字。Frances Valentine 的风格便是经典的 kate spade 风格，优雅、明媚、俏皮。2018 年年底，Frances Valentine 快闪店在大都会博物馆附近的第五大道开幕，我看着一件件仿佛凯特亲手设计的包包、鞋子和小物，怀旧之情油然而生。

Coach

我在 1990 年代初去美国留学之后，才知道 Coach 这个品牌。背在校园里青春动人的甜美女孩的身上，挎在商场里三五成群的中年大妈的手中，大大小小花花绿绿的"C"字 logo 到处可见。十几年后，Coach 进入中国市场，以惊人的速度扩张，仅用几年时间就成为中产阶级女性的标志性手袋。

如果说 Longchamp 是法国国民品牌，Coach 就是不折不扣的美国国民品牌。但品牌的历史，除了 logo 上的 1941 显示其创始时间，其他并不为众人所熟知。Coach 起源于纽约的一家普通皮具作坊，生产和销售男性钱包。1961 年，莉莉·卡恩（Lily Cahn）和麦尔斯·卡恩（Miles Cahn）夫妇（夫妇俩分别是俄国和匈牙利第二代移民）买下 Coach，开

邦妮·卡辛独特的袋上袋设计将 Coach 提升为设计师品牌，此经典款重现在 Coach 2019 春夏款秀场

始设计和生产女士手袋。当时纽约有很多皮具店销售仿冒欧洲品牌的手袋，但是莉莉力主原创设计，请来著名时装设计师邦妮·卡辛（Bonnie Cashin）担任创意总监，为 Coach 注入个性风格。于是几年后，Coach 从一个普普通通的皮具品牌转变为风格鲜明的设计师品牌。

1979 年，雷·弗兰克福特（Lew Frankfort）加入 Coach，引领品牌投入另一场变革，而这场变革是基于奢华昂贵的欧洲奢侈品牌和平庸价廉的美国本土品牌之间的巨大差距。Coach 以经典而时尚的设计，品质略低但性价比优越的产品迅速填补这一市场空白，用了十几年时间成为世界上最大的时尚皮具品牌之一。1990 年代末明星设计师瑞德·克拉考夫（Reed Krakoff）担任 CEO 后，Coach 将产品线延伸至服装、鞋子、围巾、首饰、手表、墨镜、香水等，正式成为生活方式品牌。

领导 Coach 成为美国最大的皮具品牌的弗兰克福特也是一个传奇人物。他出身于纽约的贫困家庭，住政府救济房长大，聪明勤奋，雄心勃勃，学业顺利，但职场发展并非一帆风顺。从哥伦比亚商学院毕业后，弗兰克福特从事过一年缺乏成就感的投行工作，然后加入纽约市政府做公务员，没想到做了十年后却因升迁受挫郁闷离职。1979 年，弗兰克福特经朋友介绍结识 Coach 创始人卡恩夫妇。当时设计师邦妮·卡辛已离开 Coach 五年，品牌一蹶不振，弗兰克福特受命于危难，加入 Coach。

很显然，Coach 在瑞德·克拉考夫担任创意总监期间（1996—2013 年）走的是大众化路线。大众审美、大众价值、大众欢迎，甚至被人称为"奢侈品中的麦当劳"。中规中矩的款式，靓丽可爱的颜色，扎实的材质和精良的做工，对于不太讲究个性的消费者来说，省了一份精挑细选的心，

| 领导 Coach 成为美国最大皮具品牌的 CEO 雷·弗兰克福特

未尝不是一个不错的选择。或许是因为太过普及，Coach 包包几乎没有激起过我的购买欲。我倒买过 Coach 乐福鞋，舒适好穿，暗暗的 logo 并不显眼。

在今天竞争日益激烈、变化日趋加速的市场里，生活方式品牌面临巨大的挑战，上市公司尤其如此。经历了几季销售低迷后，Coach 于 2013 年把长期在位的 CEO 弗兰克福特和创意总监克拉考夫双双换掉。新任创意总监斯图亚特·维弗斯（Stuart Vevers）拥有多个欧洲奢侈品牌的创意背景，其使命是将 Coach 奢华化和年轻化，升级为具有美国风格的国际奢侈品牌。品牌经过几年的努力，消费者已经从专卖店升级、产品设计升级以及价位升级中明显感受到 Coach 的品牌形象变化。但曾经牢牢被 Coach 握在手中的中产阶级女性必备手袋的地位，似乎正在被其他品牌瓜分，摆在 Coach 面前的挑战看起来愈加严峻。Coach 作为生活方式品牌将如何发展和演变，我相信今后会有更加精彩的故事。

寻找你的设计师手袋

或许春天是最能激发女人购买服饰的季节。天蓝水绿，百鸟齐鸣，穿戴靓衣靓包靓鞋出门，心情也靓起来。一个人一年要买多少衣服、鞋子和包包？我们粗略算算。假设一件衬衣的寿命是五十次洗涤，如果天天换洗，一年需要七件新衬衣（365 除以 50 约等于 7）。再来数数一个人每天穿多少件衣服。T恤、衬衫、牛仔裤、毛衣、外套、运动衣、睡衣等等，差不多十来件。考虑到有些衣服不需要天天换洗，一个人一年大约需要添五十件新衣。包包和鞋子好算一些。鞋子每季两双全年八双，包包每季一只全年四只，刚刚好。

五十件衣服，八双鞋子，四只包包。这么多剁手血拼的机会怎能不让人摩拳擦掌两眼放光！然而我们如何准确而高效地选购服饰，把钱花在刀刃上，保证剁手战利品件件是精华？答案是拥有个人风格。个人风格体现一个女人对自身的了解，拥有个人风格的女人清楚地知道自己喜欢什么，适合什么，期望以什么样的形象示人。个人风格也体现一个女人对形象的驾驭力，拥有个人风格的女人能真正做到人穿衣服而不是衣服穿人。有句话说潮流易变风格永存，只有拥有个人风格才能以不变应万变，让潮流为自己添彩，而不被潮流所左右。

寻找个人风格的道路曲折艰辛，我相信每个女人都有一部用无数白

| 安娜·温图尔

美国总统特朗普女儿伊万卡·特朗普

花的钱和惨痛的教训写成的血泪史。可是一旦找到个人风格则柳暗花明，经典和潮流驾轻就熟，选择和取舍轻松自如。有些个人风格突出的女人甚至拥有自己的签名装束，像成功的品牌一样深入人心。比如，时尚女魔头安娜·温图尔的波波发型、及膝连衣裙、简约裸色凉鞋、几乎省略的包包，成就了她浪漫而凌厉的个人风格；国际货币基金组织前任总裁克里斯蒂娜·拉加德（Christine Lagarde）的银白短发、剪裁合身的套装、彩色丝巾、大号奢华手袋，成就了她权威而时髦的个人风格；美国总统特朗普的女儿伊万卡（Ivanka Trump）的披肩金发、无袖连衣裙、五寸高跟鞋、端庄有型的手袋，成就了她优雅而性感的个人风格。

　　衣服、包包、鞋子、首饰，所有这些打造个人风格的单品，我们应该如何选择？很显然，清晰明朗的个人风格需要具有鲜明个性的单品来体现，那么选择设计师产品或许是树立个人风格的一条捷径。作为专业手袋买手，我的工作就是替中国消费者寻找实现个人风格的设计师手袋。挑选设计师品牌，我一直遵循三个原则：1. 原创性强；2. 品质好；3. 性价比高。近年来在社交媒体的强大影响力之下又加上两条：4. 拍照好看；5. 博主喜欢。

　　对我来说，第一条原创性最为重要。所谓原创性，就是设计师独特的审美通过独特的款式、材质和颜色表现出来。原创设计师不会人云亦云，随波逐流；虽然也会运用流行元素，但更长于突出个性风格。对消费者来说，遇到特别符合自己审美的设计师如同遇到知己，仿佛如果自己是设计师，就会设计出一模一样的包包。

　　记得十几年前的设计师手袋市场和现在的非常不同。那时美国女性

国际货币基金组织前任总裁克里斯蒂娜·拉加德

的实用主义审美主导全世界女性的审美。美国人口稀疏，大都市少，所以人们偏爱质感柔软的大袋子，将各种休闲风格的单肩包（hobo）和托特包（tote）装得满满地放在车上。那时女性在包包的颜色选择方面也偏向保守，以黑色、棕色、灰色为主，夏天用白色包包就算是颇为大胆的选择了。进入2010年后世界变了，女性通过社交媒体分享交流，相互启发，款式独特、颜色靓丽的包包在视觉世界里逐渐占据优势。与此同时，随着欧洲时尚博主的影响力日趋强大，欧洲手袋设计师也迅速崛起，近年来最具创新力的手袋设计大多数来自欧洲。所以为了寻找优秀的设计师手袋品牌，我在一如既往去纽约拜访设计师之外，也必须每年两三次前往巴黎和米兰参加时装周活动。

两年前，我跟同事Alice在巴黎时装周发现了SALAR Milano。说发现或许不够准确，因为显然我们在去设计师showroom之前就开始关注这个品牌了，并且当然是通过社交媒体关注的。当今的网络时代，新品牌几乎都是通过社交媒体进入买手视线的，在SOHO小店里发掘设计师的岁月早已一去不复返。对买手来说，这种甄选新品牌的方式非常便捷，但缺陷也十分显著。包包毕竟是用来背的，仅靠图片判断会忽略许多重要的细节，比如皮革的质感和触感，拉链的顺滑感，包包上身的舒适感等等。设计师深知拍照的重要性，包包图片必定拍得极具诱惑力；而买手也深知拍照的套路，必定能在潮水般层层涌现的新设计师里挑选出真正的潜力股。

在SALAR Milano的showroom里看过包包样品后，我和Alice认为这个品牌符合我们所有的选品标准：光芒四射的原创性；对得起意大利制造的品质；达到凯特周及格线的性价比；拍照上相一百分；博主明星争相使用。

SALAR Milano 的设计里写满了才气，既浪漫又风趣，既时髦又高级，令我期待认识和了解品牌的创意者。去年二月在巴黎参加时装周，我有幸跟设计师夫妇小聚。我们约在浪漫的爱慕酒店（Hotel Amour）餐厅里，几个人挤坐在一张小小的桌子周围，点了同款烤鱼和蔬菜，喝掉两瓶白葡萄酒，聊到午夜方尽兴。

这是一对"80后"设计师，先生名叫萨拉尔·比谢兰路（Salar Bicheranloo），太太名叫弗朗西斯卡·莫纳克（Francesca Monaco），两人共同创立的品牌是他们的宝贝，承袭先生的名字叫作 SALAR。从我的经验来看，初次跟设计师见面时，我经常会惊讶于对方穿着的简单和随意，萨拉尔和弗朗西斯卡也不例外。2 月底的巴黎相当寒冷，两位设计师各穿一件低调的黑色棉衣，然而弗朗西斯卡的包包显得异常靓丽。那是 2018 秋冬季里的一款红白拼色的手提包，我早前刚在 showroom 里看过，立刻心仪于它。

萨拉尔在墨西哥出生长大，大学里学习工业设计，毕业后来到意大利最知名的工程技术大学米兰理工大学（Politecnico di Milano）实习，紧接着为著名的意大利设计师和艺术家亚历山德罗·门迪尼（Alessandro Mendini）工作。弗朗西斯卡是意大利人，也毕业于米兰理工大学，专业是服装设计，后来为意大利时装品牌 Costume National 工作。两位才华横溢的年轻人在大学里相识相恋，于 2011 年创立品牌 SALAR Milano。

把审美创意转化为商业成功是每一个设计师品牌面对的挑战。

SALAR Milano 最初的设计极具原创个性，很快得到意大利版 *Vogue* 的关注和推荐，并在时尚圈迅速获得知名度。但品牌取得商业成功却是在几年之后，两位设计师创作出以圆形和金字塔铆钉作为个性元素的 Mimi，一举获得博主和消费者的喜爱。

SALAR Milano 才气满满的设计来自两位设计师的背景。萨拉尔热爱建筑、装饰艺术和工业设计，他擅长把这些领域的元素运用到手袋设计中；弗朗西斯卡拥有服装设计背景和无可挑剔的女性审美，她擅长创造绝妙的色块搭配和精致的细节。两位设计师对世界各地文化的兴趣和探索之心也反映在手袋设计中，每一季都充满令人无比兴奋的

| SALAR Milano 经典款 Mimi

新鲜感。

继 Mimi 走红之后，设计师又成功推出 Mila、Mari、Ludo、Bella 等款式，虽然各有特色，却都具备毋庸置疑的 SALAR Milano 风格，不需要 logo 便可被一眼认出。

从手袋买手的视角来看，设计师的审美创意和商业化能力是品牌成功的关键。一个成功的设计师品牌既需要鲜明的个性，又需要被主流消费者所接受。买手从众多的品牌和款式中挑选出精品呈现给自己的顾客，顾客们在其中挑选出符合个人审美和风格的包包，然后搭上衣服和鞋子，美美地出门。

2018 年二月，巴黎，我与 SALAR Milano 两位设计师的合影

SALAR Milano 2019 秋冬款 Ludo 系列，个性金属元素成为品牌新标志

选购古董包

　　40 岁生日之前，好朋友晓雪问我："亲爱的，你想要什么大礼呀？"晓雪知道我爱包包，已经送过我不少，我想这回得要点其他的。还没想出来要什么呢，有一天，晓雪从法国出差回来，兴奋地告诉我："亲爱的，你的大礼我备好了——在巴黎淘到的古董包！别提多有范儿了！"

| 我的生日礼物，来自巴黎古董手袋店的手提包

上图就是这只古董包。我知道在古董店里淘包包不是个轻松活儿——外表完好，金属无锈，内衬洁净，扣袢和拉链正常工作的古董包包为数不多。也不知晓雪是从多少个包包里挑出来的。为了让礼物更为美丽怡人，处女座的她不忘在包包里放一只香袋。

我的生日礼物岁数不小。经初步考证她已年逾古稀，生于 1940 到 1950 年代。19 世纪末和 20 世纪初，欧洲女人的手袋以手包为主，主要用于社交场合，装些香水零钱之类。进入 1940 年代，职业女性越来越多，款式简约、正正方方的手提式包包逐渐流行。我这只包包的开阖机关，也是当时比较典型的一种——包包顶部的两端各有一个金属扣袢，若要打开包包，需把两个扣袢向上翻起，然后一只手按住中间的金属小圆柱，另一只手拉住金属环往外拉。和今天的手袋相比操作蛮复杂的，如果不够熟练，需要折腾一阵子。好在包包有一个外袋，正好放我的公交卡，非常完美！

再来看我这只包包的材质，是仿鳄鱼皮的人造皮革。自 1856 年塑料问世之后，各种各样的塑料不断被发明出来，软的硬的、薄的厚的、轻的重的、透明的不透明的，种类越来越多，应用范围越来越广。人造皮革是塑料的一种，用来做手袋材质始于 1940 年代，可以推断我这只包包在当时应该是很新颖的呢。

1940 和 1950 年代，Lancel 著名的 Sac à Malice 系列里有一只手袋跟我的生日礼物很相像，进一步证实了我的古董包包的年纪。这只 Lancel 包包和我的包包大小相近，也是方正而优雅的手提包款型，单柄提手，开阖机关位于包包顶部。两只包包的材质不同，Lancel 是真皮，

我的古董包包细节

我的是人造革。

我这只 70 岁的古董包包价值多少？我的猜测大约是 1 000—2 000 元。那款 1940 年代的 Lancel 价值多少？我的猜测大约是 2 000—3 000 元。我想起以前跟读者和编辑讨论过的话题：从投资的角度购买手袋值不值？这里说的投资，不是我们剁手血拼时买一件大衣或一块手表的那种投资，而是买股票和房产的那种为了增值的投资。一只经典的 Hermès Birkin 或者香奈尔 Classic Flap，如果买了不用，在适宜的温度和湿度

| 1940 年代 Lancel Sac à Malice 系列手袋

下完好地保存起来，五年十年之后很有可能卖出更高的价格。但是对于绝大多数手袋来说，从被主人付款买下的那一刹那恐怕只会一路贬值。所以我认为收藏手袋或许不是优秀的投资手段。自己用过的手袋，哪怕一辈子爱不释手，其感情价值也远远大于经济价值。套用多年前MasterCard 的广告语："当额角爬满皱纹，看如花似玉的女儿，背起当年心爱的包包，priceless。"

　　既然绝大多数包包都会贬值，那么从古董包包里或许能发掘出很多性价比非常高的单品。近年来古董时装店随着实体店的衰落越来越稀有，小城市的古董店正在一家家消失，只有大城市硕果仅存。如果你来纽约旅行，不妨去逛逛 SOHO 的 What Goes Around Comes Around 和布鲁克林的 Amarcord Vintage Fashion 这两家比较知名的古董店，陈列考究，货

| 纽约 SOHO 的 What Goes Around Comes Around 古董店

品精致，衣服和包包都有售。其实我个人更喜欢逛那种塞得满满当当，看起来乱七八糟的古董店，能在里面淘上半天，得到发掘宝藏的乐趣。很多古董包包没有品牌标识，只能通过仔细研究包包的款式、材质和各种细节来猜测她的身世，这对我来说正是逛古董店的乐趣所在。

没机会逛古董店也没关系，佳士得手袋拍卖（Christie's Handbag & Accessories Auction）是在网上欣赏古董包的绝佳时机。2018 年冬季的拍卖于 11 月 20 日开幕，历时两周，共有 218 件拍卖品。古董手袋的价格没有统一的标准，根据品牌、款式和每只包包的品相而定。从佳士得这 218 件拍卖品可以看出，"保值"的手袋集中在几个品牌——Hermès，尤其是 Birkin 和 Kelly 占压倒多数的比例；其次是 Chanel 和 Louis Vuitton；Judith Leiber 独一无二的手包也有几只。

稀有皮革的 Hermès 经典款总是拍卖会上的热门单品，也往往是出价最高、升值潜力最大的。比如下面这几只：2014 年黑色鳄鱼皮 Birkin 35，估价 20 万元（30 000 到 35 000 美元）；2018 年蓝色鸵鸟皮 Birkin 30，估价 15 万元（20 000 到 24 000 美元）；2011 年深红色鳄鱼皮 Kelly 35，估价 18 万元（24 000 到 35 000 美元）。

日常皮革的 Hermès 是佳士得拍卖会上的主力，价格比新品低很多，如果品相好，考虑到不需要排队的优点，可能是非常实惠的选择。比如下面这几只，2010 年牛仔蓝色 Togo 牛皮 Birkin 30，估价 5 万元（6 000 到 8 000 美元）；2008 年牛仔蓝色 Togo 牛皮 Kelly 35，估价 4 万元（5 000 到 7 000 美元）；2011 年定制拼色 Togo 牛皮 Birkin 35，估价 6 万元（8 000 到 10 000 美元）。

LOT 134

A SHINY BLACK POROSUS CROCODILE BIRKIN 35 WITH

HERMÈS, 2014

Estimate:
USD 30,000 - USD 35,000

Time Left: 11 Days 3 Hours 15 Mins

Current Bid: USD 26,000

LOT 1

A MYKONOS OSTRICH BIRKIN 30 WITH PALLADIUM HARDWARE

HERMÈS, 2018

Estimate:
USD 20,000 - USD 24,000

*Time Left:
10 Days 22 Hours 49 Mins*

Current Bid: USD 20,000

LOT 121

A MATTE MARRON FONCÉ NILOTICUS CROCODILE

HERMÈS, 2011

Estimate:
USD 24,000 - USD 35,000

Time Left: 11 Days 2 Hours 49 Mins

Current Bid: USD 20,000

LOT 20

A BLEU JEAN TOGO LEATHER BIRKIN 30 WITH PALLADIUM

HERMÈS, 2010

Estimate: USD 6,000 - USD 8,000

Time Left: 10 Days 23 Hours

Current Bid: USD 5,000

LOT 19

A BLEU JEAN TOGO LEATHER RETOURNÉ KELLY 35 WITH

HERMÈS, 2008

Estimate: USD 5,000 - USD 7,000

*Time Left:
10 Days 22 Hours 58 Mins*

Current Bid: USD 4,000

LOT 89

A CUSTOM GRIS TOURTERELLE & BLEU JEAN TOGO LEATHER

HERMÈS, 2011

Estimate:
USD 8,000 - USD 10,000

Time Left: 11 Days 1 Hour 18 Mins

Starting Bid: USD 8,000

其他品牌的包包虽然数量不多，但要价不太高，出价也没那么活跃，有心的手袋爱好者或许有机会以低价淘到心仪的包包。

网上拍卖会机会不多，平日里逛古董包最好的去处是哪里？当然是1stdibs（https://www.1stdibs.com）。这家2001年成立于纽约的网站已成为全世界古董购物第一站。跟淘宝、亚马逊和eBay这类集市型网站不同的是，1stbids的卖家全部是经过严格审查的古董商，而不是随随便便的个人。严格的上游筛选保证了上架产品的精选性和可靠性，消费者不需要去过滤各种不靠谱的垃圾产品。我时不时会去1stbids逛逛，尤其喜欢按年代搜索，从18世纪到2018年，近两万只包包让你看个够。

古董手袋是个绚烂的世界，一旦走进去必定流连忘返。因为工作和责任太多，我不敢迷上它，暂且只把它当成一个梦想，待闲暇多些的时候再去尽情享受。我曾经跟一位爱好古董手袋的朋友聊天，她告诉我假货是购买古董包包最大的风险。为了尽量避免买到假货，她给我几条建议，我转述给大家：

1. 从值得信赖的卖家那里购买。卖家必须有丰富的专业知识，十分了解手袋的历史、品牌、款式、材质、价格等。如果卖家自己糊里糊涂，怎么能保证买到的包包是真品呢？

2. 学习和钻研手袋知识，和专业人士交流，培养自己的防伪本领。比如Chanel的双"C"logo是1980年代以后才用在包包上的，之前一直用非常低调的Mademoiselle锁扣。如果有人卖一款号称1950年代的Chanel包包上有双"C"logo，你就会知道是假的。其实1980年之前的

| 1920 年代的挂毯手包，大约 2 200 元

| 1940 年代的赛璐珞手包，大约 5 800 元

| 1950 年代的 Fernande Desgranges 牛皮
医生包，大约 14 000 元

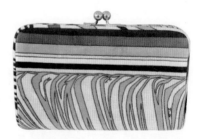

| 1960 年代的 Emilio Pucci 天鹅绒手包，
大约 3 000 元

Chanel 包包是很少的。

3. 1990 年代和之后的奢侈品牌手袋很多有序列号和防伪标志，有些序列号有日期信息，购买的时候可以仔细辨认核对。

如果你拥有几只古董店里淘来的包包，或许是时候把它们从柜子里翻出来了。无论是淑女风还是谐趣风，我相信总能搭配出一款造型与当今的时尚完美契合。如果你读了这篇文章后对古董包包感兴趣，那么祝贺你，因为你的世界将增添一个魅力无穷的维度。

帆布袋——手袋中的 T 恤衫

夏天是 T 恤衫的季节，也是帆布袋的季节。T 恤衫的魅力在于表达——身份、心情、观点、理想，应有尽有；高雅的、通俗的、好玩的、自嘲的，百花齐放。帆布袋亦如此，并且无须穿在身上，省去款式和尺码的麻烦。用帆布袋凹造型，效果完全不输其他包包。

兼顾时尚和实用的女性经常背两只包包。一只负责搭配，是整体造型的一部分；另一只负责装东西，够大够结实就好。帆布袋简单轻便，也如 T 恤衫一样自成类别，虽然价格便宜却并不给人廉价的感觉，哪怕跟皮草搭配也是满满的和谐感。

有了帆布袋，负责搭配的那只包包便不受大小的拘束，装不下的统统可以放进帆布袋。帆布袋用来装什么或许能展现每个人的生活方式。比如我在北京乘地铁上班时，我的帆布袋便用来装 Surface 笔记本电脑、墨镜、在办公室穿的高跟鞋，有时还有一根香蕉或者一个苹果。常去健身房的女性用帆布袋装运动衣和运动鞋，家庭主妇用帆布袋装超市购买的生鲜食品，大学里的女孩子用帆布袋装书和笔记本。

2019 春夏米兰时装周上的模特街拍 |

| 1959 年的 *Vogue* 大片，帆布袋早已是海滨时尚造型的一部分

并非所有帆布袋都物美价廉。很多奢侈品牌和设计师品牌每年夏天推出帆布袋，为自己的顾客提供夏日必备帆布袋的奢华版选择。奢华版帆布袋虽然也是纯棉材质，但质感更加厚实，防水和防污处理也往往和普通版帆布有所不同。在设计方面，奢华版帆布袋通常有皮革和其他装饰，让包包的时尚功能更强。

　　帆布袋是如何在全球主流文化里成为夏天的必需品的？这或许要归功于美国缅因州的百年户外品牌 L. L. Bean。

这位纽约的时髦女孩用小包凹造型，用帆布袋装东西
好莱坞明星瑞希·威瑟斯彭的健身帆布袋

| 纽约时装周上宣传环保的帆布袋

    美国的历史很短，然而美国人格外珍视这短短四百年里形成的传统和文化。17 世纪初，欧洲移民登陆北美大陆，先后在弗吉尼亚和东北部的新英格兰地区定居。L. L. Bean 就诞生于新英格兰的缅因州。

    L. L. Bean 不但是百年老牌，也是美国东北部传统文化不可分割的一部分。我在美国东北部生活了二十多年，从超市到集市，从邻居家的车库到健身房的更衣室，从停车场到飞机场，日常生活里时时与 L. L. Bean 帆布袋相遇，逐渐对它生出深厚的感情。这个品牌不靠广告投放宣传品牌，也不靠大型促销刺激消费；而是靠牢固品质，一点一滴积累成亲切的风格以及良好的口碑，代代相传造就出怀旧之情。

| 2018 年夏天全家在新英格兰楠塔基特（Nantucket）岛上度假时拍到的海边小木屋

每到夏天，崇尚休闲和运动的美国东北部家庭一定会去海滨避暑。很多孩子从 7 月初的独立日到 9 月初的劳工节都在东北的海滨别墅度过。这些被称为小木屋（cottage）的海滨别墅很多是祖上传下来的，十分低调，甚至有些简陋；但这里的人们追求传统的闲适生活，对奢华和炫耀避之唯恐不及。可以说，美国东北部传统文化与海分不开；而创始于缅因州的 L. L. Bean，其品牌形象也永远跟海滨联系在一起。

L. L. Bean 的海滨不是那种热带风情的细白沙滩和碧蓝海水，而是典型的北方岩石海岸，峥嵘而布满青苔，带着浓郁的海腥味儿；偶有沙滩，也是粗粗的、黄黄的，衬着深蓝的海水和凉凉的海风，能让你的心一下子安静下来，甚至生出"呼啸山庄"般的肃穆。L. L. Bean 的经典款 Boat Tote 用帆布的本白色，底部加厚，由包底伸出的两道竖条自然形成提手，给予包包简洁而生动的线条。Boat Tote 最初是海滨小木屋居民的必备之物，用来装大块的冰（那时没有冰箱）和烧火的木柴，再由小船把这些什物搬运到小岛上，因此包包最大的特点是结实和能装。Boat Tote 多年来一直是 L. L. Bean 的标志性产品，无论在店里还是网上，消费者都能买到各种大小和颜色的包包，也可以把自己的名字缩写绣在包包上。

如果说 L. L. Bean 帆布袋体现了美国简朴和实用的传统文化，那么缅因的另一个帆布袋品牌 Sea Bag 则在发扬传统的基础上，更彰显出美国的现代价值观——个性和环保。Sea Bag 帆布袋的材质全部来源于废

L. L. Bean Boat Tote 帆布袋

弃的船帆，有些自然成为独特的设计，有些经过重新染色和印花，在缅因由当地的工人们一只只缝制而成。和 L. L. Bean 帆布袋相比，Sea Bag 帆布袋更加厚重，肩带由帆船上的麻绳做成，给人一种浸满阳光和海水的粗犷感。而包包的图案又是如此明媚和好品位，时髦感丝毫不减。

十五年来，Sea Bag 回收了五百多吨旧船帆，回收方式也充满缅因式的友好，每一位旧船帆的捐献者可以根据捐献数量换取 Sea Bag 帆布袋。我也很想拥有一只 Sea Bag，因为包包给我的美好感觉远远不止于产品本身，正像品牌的宣传视频所言："你不是第一个抱住它的，不是第一个使用它的，不是第一个看见它的，也不是第一个爱它的，但是现在，它是你的了。"（You are not the first to hold it, you are not the first to use it, not the first to see it, not the first to love it, but now it is yours.）

| Sea Bag 帆布袋的设计明媚而个性十足

关于环保包的讨论

　　2007 年 2 月，英国设计师安雅·希德玛芝（Anya Hindmarch）的 I'm Not A Plastic Bag（"我不是塑料"袋）在英国时装周现身，立刻掀起抢购狂潮。4 月 25 日，当两万只限量版 I'm Not a Plastic Bag 在英国 450 家塞恩斯伯里超市（Sainsbury's）再次发售时，八万人排队购买，几小时内全部售罄。第二天，这款包包在 eBay 以 200 美元的高价成交。

2007 年 4 月 25 日，设计师安雅·希德玛芝和抢购到 I'm Not A Plastic Bag 的顾客合影

这款售价 5 英镑、未经漂白和染色的帆布包包，旨在树立帆布购物袋之时尚，从而减少塑料购物袋的使用。然而令设计师意想不到的是，包包的时尚价值远远超过其实用价值。有幸买到的人恐怕早就将包包收藏起来，有谁舍得用它装纳土豆和青椒？没有买到的人则愤愤不平。一位女士说："什么环保？为了买这只倒霉的帆布包，我不知浪费了多少汽油，浪费了多少电！"

当 Anya Hindmarch 的环保包成为一段有声有色的传奇，包包本身的环保功能却就此终结。这是非常无奈的事情。当然，我们不能就此抹煞 I'm Not A Plastic Bag 的功绩，至少它让消费者建立起环保包的意识。

那么什么是环保包？环保包都有哪些种类呢？顾名思义，环保包就是能够帮助人类保护环境的包包。我把环保包大致分为四类：1. 代替超市塑料袋的帆布袋；2. 代替超市塑料袋的其他材质手袋，比如网兜和竹篮；3. 采用对环境破坏最小的材质和工艺生产的手袋，比如纯素皮革包包；4. 利用回收材料制作的手袋。下面让我们依次看看每一种环保包的环保价值和挑战。

代替超市购物袋的帆布袋

代替超市塑料袋的帆布袋减少了不可生物降解的塑料垃圾的产生，因此是环保的。但是用来制作帆布袋的棉花却是一种非常不环保的农作物。传统棉花的种植极其依赖农药和杀虫剂，对土壤危害极大。在全世界范围内，每年的棉花农药用量占总农药用量的四分之一，可见棉花种植对环境破坏的规模之大。此外，棉花还需要大量的水来灌溉，对水资源的消耗也不容忽视。一公斤棉花大约需要两万升水，根据不同品质和尺寸的要求，只能制作出 2 ~ 5 个帆布袋。

如何制作出环保的帆布袋？设计师们早就开始寻找答案了。有两种环保棉逐渐受到关注，得到越来越广泛的认同和采用。一类是有机棉（organic cotton）。有机棉为什么环保？首先，有机棉种植不使用化肥和杀虫剂，所以对土壤没有危害；其次，有机棉种植主要依赖雨水，所以不需要大量水来灌溉。未经过基因改造的全天然有机棉其实不是白色的，

泰国村庄种植生产的有机棉纱

而是不同品种有不同的颜色，常见的有浅驼色、浅灰色、棕红色和土黄色等。故此有机棉帆布袋具有棉花最天然、最温柔漂亮的颜色，如不经过化学漂白和人工染色，对人的皮肤也是极为安全的。

对农民来说，种植有机棉的好处是不需要化肥和杀虫剂，也不需要大量灌溉水，省钱省工。但有机棉因产量低而价格高，需要有人买单。对消费者来说，虽然有机棉帆布袋的价格高一些，但我们可以用得省一些，少买几个。选择有机棉帆布袋便是为环保作贡献，这种满足感和荣誉感也是产品价值的一部分。

另一类环保棉是回收棉。回收棉的来源主要有：1. 棉布纺织过程中流失的棉纤维。在传统的棉布纺织过程中，大约 40% 的棉纤维会被浪费掉。2. 产品剪裁制作产生的边角料。3. 消费者的废旧衣物。目前有企业专门收集纺织垃圾，再利用先进技术和工艺从中提取棉纤维。

利用有机棉和回收棉制作帆布袋这件事，有一位女性默默坚持了三十年，非常令人钦佩，她的名字叫莎朗·罗（Sharon Rowe）。1989 年，莎朗是一位住在纽约的演员。那时即使在纽约这样率先接受进步思想的城市，大多数市民也还没有建立起环保意识，去超市用塑料袋心安理得。可是莎朗实在烦透了超市塑料袋，苦于没有其他选择，她创立了 Eco-Bags，设计生产和销售可重复使用的帆布袋来代替塑料袋。Eco-Bags 全部帆布袋产品都采用有机棉或者回收棉制作，经过多年发展，已拥有了数量庞大的顾客群和支持者。

Eco-Bags 回收棉帆布袋，售价 6.99 美元。图为创始人莎朗·罗和演员朋友大卫·丹曼

代替超市购物袋的非帆布袋

还记得小时候人们用尼龙网兜买菜吗？尼龙网兜小巧轻便，易于清洗，其实是非常出色的购物袋。但是后来一次性塑料袋带来的便利让人们逐渐放弃了网兜，现在或许是时候让网兜重新回到主流生活中了。除了网兜、竹篮、草筐以及其他各种材质的购物包包，只要能代替一次性塑料袋，都是环保包。

纯素皮革手袋

近年来可持续时尚（sustainable fashion）成为时尚业非常热门的理念，纯素皮革（vegan leather）的说法也应运而生，并被很多设计师和品牌采用。纯素皮革其实就是假皮革，或者叫人造皮革，主要成分是聚酯纤维和聚氨酯。纯素皮革的倡导者相信为真皮包包提供原材料的畜牧业破坏环境，原因如下：1. 畜牧业的大量用地需求导致森林被砍伐；2. 牲畜呼吸产生的二氧化碳加剧温室效应；3. 畜牧业需要大量水和能源，从而间接破坏生态环境。

纯素皮革真的环保吗？我个人认为纯素皮革的环保理念和素食主义的理念同出一辙。我们不妨向自己提问，吃素环保吗？为了环保而吃素是必要的吗？我相信对于这个问题仁者见仁，智者见智。

斯特拉·麦卡特尼（Stella McCartney）是纯素皮革手袋的先驱，也

1946 年的《魅力》（*Glamour*）杂志时装图片，模特手提装满蔬菜的网兜

是此领域内最成功的设计师。品牌从 2001 年建立以来坚持不使用任何动物皮革、皮毛或羽毛，并且在采用人造革的过程中不断优选更加节省水和能源的原料。事实证明消费者是买单的。斯特拉·麦卡特尼的人造革手袋跟奢侈品牌价格相当，却销量不俗，其经典款 Falabella 广受欢迎，跻身本世纪 It Bag 之列。

Stella McCartney 设计师本人和她的纯素皮革包包

| 博主身背 Stella McCartney 经典系列 Falabella Box Mini

回收材料手袋

　　无论是帆布袋还是纯素皮革手袋，环保的意义归根结底有两条：第一条是节约自然资源，包括淡水资源、土地资源、空气资源、海洋资源等；第二条是减少废物排放。以这两条为原则，很多设计师大展创意，变废为宝，以垃圾为材质设计和制作包包。报纸、糖纸、塑料袋、易拉罐、汽车安全带、自行车内胎、汽水瓶盖子、一次性筷子，等等，只有你没想到的，没有设计师做不到的。比如用汽车内胎做的包包，聪明地利用黑色内胎的自然形状作为包身，线条简洁流畅，并透出一种质朴和结实的美。

　　无论是有机棉帆布袋、节能节水的纯素皮革包包，还是回收汽车内胎和糖纸制作的包包，这些环保包包虽然拥有众多消费者和支持者，但远未形成主流产业。我们作为普通消费者选购手袋，应该如何为环保尽一份力呢？我的办法是少而精，贵而当，不浪费。宁可只买一只真心喜爱的几千元的包包，不买十只可有可无的廉价包包。一只让你享受到美丽和精致、贴心和关爱的包包值得你爱用一生，永不离弃。这种珍惜就是环保。

意大利品牌"959"回收汽车安全带制作包包，既时尚又实用

我的手袋搭配心得

　　我认为自己不能指导他人的审美，就像自己不能对他人的价值观指手划脚一样。审美是非常主观的，由每个人的基因、性格、成长环境、教育背景和人生经历决定，我认为美的你不一定认为美，反之亦然。同时一个人的审美也是不断变化的，不仅会随年龄和阅历的增长日趋成熟，也会随时代和文化的变迁起伏不定。

　　所以每当被读者和朋友问起如何搭配包包，我总是诚惶诚恐。但是关于这个话题我也并非无话可说。作为一名经验丰富的手袋买手，我从满足主流消费者需求的角度分析过许多包包搭配；作为一名追求高效和实用搭配的消费者，我也有一套基于实践的方法论。我的视角和观点或许值得分享。

　　对我来说，包包搭配的主逻辑是场景，次逻辑是个性。根据场景选择包包和规划购买是一种直接而省力的办法。

日常百搭，不动脑筋

　　常规出行，上班上学，非年非节，心情一般。这种场景占据普通人

我的 Rebecca Minkoff Love Crossbody

生活的一大半。我们在忙忙碌碌中选择一身衣服已是筋疲力尽，搭配包包最好不用再动脑筋。那么这类包包通常是错不了的经典款和百搭色。不大不小的手提包单肩包斜挎包，黑色灰色棕色米色白色。我把这种日常场景下随身携带的包包叫作战马包。战马包虽然都是经典款，但表达个性的空间依然充足。比如这个冬天我用 Rebecca Minkoff 黑色绒面皮 Love Crossbody，虽然是一只规规矩矩的经典款，然而镶嵌珠片的、宽宽的吉他肩带立刻给包包带来活泼的文艺气息，再配上一只狐狸尾包挂，可以说个性十足了。我的战马包每季更换，但不一定买新的，从精心建立的收藏里选一款也同样美美的。

鲜艳色彩，点亮造型

当日常紧张的节奏略有松弛，有时我想给自己的整体造型做个小小的升级。不想惊天动地，只想让自己心情舒畅。如果某天我穿一件比平日精致时髦的素色衣服，或许是一件黑色丝绒连体小礼服，或许是一件灰色羊绒连衣裙，那么我就选一只色彩鲜亮的包包突出衣服。虽说每季有特定的流行色，但大红色电蓝色葱绿色鹅黄色都是不会过时的经典色，攒齐了存在包柜里，选用起来格外便捷。小号的彩色包包会比大号的容易搭配，衬托素色衣服的款式和材质效果极佳。

大胆出位，彰显心情

我想每个人都体验过这种心情——在某个特别明媚的早晨，或者某个特别温柔的傍晚，我们心血来潮，突然想放飞自我，与众不同，享受路人的注目。用包包来表达这种心情似乎比用衣服更加含蓄，因此也更加便捷可行。特别的形状，特别的材质，或者带有特别装饰的包包最适合此场景。近两年流行的圆形包包如果不适合做你的战马包，不妨选一只小巧的斜挎包，偶尔上身衬托好心情。今年流行的亚克力包包重现 60 年代复古风，已被我相中一只 Loeffler Randall 早秋款，只等上市便收入囊中。至于包包的装饰，流苏、铆钉、皮草、羽毛、刺绣、珍珠，选择应有尽有。这类表达心情的包包被我放在衣橱的顶层，偶尔拿出来用一

| MZ Wallace 手提包（图片由 @T-Toughcookie 提供）

| SALAR 斜挎包（图片由 @T-Toughcookie 提供）

次，尽兴而归。

很多时尚博主给粉丝非常具体的搭配建议。比如大包包易显瘦，小包包易显胖，纵向的竖长形包包易显矮，绿色包包易显脸色不好，酒红色包包易显老气，等等。我认为这些建议可能有一定道理，但绝不能作为守则来限制自己。搭配本身是一件充满乐趣的事情，并不限于规则而更加关乎心情，况且打破规则本身就是时尚的魅力之一。所以我建议大家发挥想象力，大胆尝试，建立自己的卓越风格。

我有上百只包包，每只用过后都会细心清洁，干干净净放在防尘袋里收好。偶尔我会把包包从衣柜的架子上拿下来，摆在地上，一只只从防尘袋里取出。这时我往往像买了一柜子新包包一样开心。很多用了五年、十年甚至二十年的包包看起来美好如初，完全没有过时的感觉。我购买包包的思路是一只包用一生，一旦拥有便不离不弃。基于这种思路，我总结出两个对自己来说放之四海皆准的原则。

时尚大于时髦

我们都希望紧跟时尚，所以很关心当下流行。今春什么最时髦，款式、元素、颜色？哦，圆形包包，金属圆环，金盏花黄色。那么我一定要买这样一只包包吗？当然不是。

时髦是暂时的，而时尚是永恒的。如果有人赞美我的穿搭，我希望被夸 stylish（有风格的）而不是 fashionable（流行的）。对我来说，与其

| Frances Valentine 桶包（图片由 @Pqqq_Gu 提供）

说时髦是一种具体的风格或者元素，不如说是一种永不落伍的态度。永不过时才是时尚词典里的最关键字，也是时髦的最高境界。"适合自己的才是最好的"，这是一句被重复无数遍的俗话，也是朴素至极的真理。当然，发掘和确认什么适合自己需要经历十年八年，反复不断地试错。所以对于时髦，我们不需要被当下流行牵着鼻子走，而是取舍有致，据为己有。

品质胜于一切

包包的材质虽然是沉默的，却能透过款式自成风格，而这种风格是不过时的。上乘的皮革，或者细腻柔软，或者丰满厚实，或者硬挺有型，各种迷人的质感散发出各种迷人的光泽。上乘的金属件，无论是闪亮的还是哑光的，同样引人注目，并给人以美妙的安全感。

其实品质感是我个人甄选包包的第一要素，因为我发现，在我的百只包包收藏里，经常被翻牌的单品都是品质非常出色的。除了优秀的皮革和金属件、精美的印花和刺绣、精心镶嵌的珍珠和水晶、光滑温柔的竹子手柄和檀木扣袢，所有让人的目光和手指贪婪驻留的精致，都是永恒的风格。

最近十年，消费者的时尚意识突飞猛进，衣柜里少于七八只包包的女性恐怕已不多见。我相信每个人都有自己的搭配心得，也懂得最基本的场合原则。或许只有两种女性需要一些建议。

手袋小白

　　她们是大学毕业初入职场的女孩子，迫不及待淘汰学生时代的各种儿童和少女款，全面更新衣橱。对于她们，我的建议如下：

　　1. 从千元以上的轻奢和设计师品牌入手，真皮是品质感的基本保证，而低于千元的真皮包包一般是不可靠的。

　　2. 首先添置两款上班用的战马包包，一款用于需要装文件和电脑的场合，可选择经典款型的手提包或者单肩包，黑色、棕色、灰色、深蓝色等中性色利用率最高；另一款用于不需要装文件和电脑的场合，可选择小巧的斜挎包或者双肩包，颜色不妨活泼一些，大红色、深绿色、宝蓝色、乳白色等都是职业场合可以接受的颜色。这第二款小包包也可以兼做周末休闲和外出用。

　　3. 再添一只年会或者婚宴用的手包。包包的选择可以随心所欲，喜欢就好。这类包包好朋友之间可互相借用，提高使用率。

　　4. 在经济条件允许时，每年添置两只包包。磨损折旧不可避免，更新换代势在必行。当你的包包收藏达到一定规模，你就可以减少购买频次，只在自己的衣橱里血拼了。毕竟时尚是轮回的，有时古着款的时髦感远远超过时令新款。

中年女性

　　四五十岁的她们是被时尚忽略的一代人，父母未曾给她们时尚熏陶，学校也未曾给她们审美教育。从小被洗脑艰苦朴素才是美，白衬衫蓝裤子是她们儿时的礼服概念。然后几十年过去，妆点打扮突然成了女人的必修课，人人都说会穿的女人才会生活。她们想追上时尚的脚步，恶补损失掉的青春，却力不从心。对于这些女性，我的建议如下：

　　1. 可从奢侈品牌或者高档设计师品牌入手。我认为年龄与品质需求成正比。中年女性往往有足够的经济实力购买高品质包包，辛劳多年的她们为自己花钱天经地义。万元以上的奢侈品牌里，适合中年女性的经典款非常多，五千到一万元之间的品牌和款式选择也十分丰富。

　　2. 选择经典、低调、大方的款式。对于四五十岁的女性来说，张扬个性需要勇气和实力，大多数女性更为务实地追求优雅和从容。经过多年考验的经典款不会错，低调的风格彰显含蓄之美，大方的款式暗示好品位。

　　3. 只要款式和品质到位，中年女性不必理会流行趋势。赶时髦是乐趣，但不是必需。如果一个人的兴趣和生活方式不允许她在时髦这件事上花费时间和精力，那么她完全不必勉强，不过时才是时尚的最高境界。

事业、生活和手袋，一样也不能少

　　1985 年出生的美国灯光艺术家奥利维亚·斯蒂尔（Olivia Steele）创作了一件颇有影响力的作品，用青柠绿色的霓虹灯做成标语"All I ever wanted was everything"，中文翻译为"我只想要一切"，语气轻松诙谐却理直气壮。英国手袋品牌 meli melo 设计师梅莉莎·德尔博诺把这句话写在自己的 Art Bag 上。2018 年三八国际妇女节，几位各行各业的女性领袖在聚会上人手一只 Art Bag，美美的合影在社交媒体收获数千点赞。

　　如果说上一代女权主义者的目标是跟男性争平等，新一代女性主义者的座右铭则是"一样也不能少"。上一代女权主义者为了事业不惜而且不得不放弃其他，新一代女性主义者则不愿意放弃。她们说，我什么都想要，为什么不可以？

　　在我长大成人的年代里，对女性而言，事业和生活是互相排斥的。一个女人要么选择事业，要么选择家庭。具有钢铁般强硬形象的女人是事业型女性的模板，比如居里夫人和撒切尔夫人，然而现实中女性并不情愿顾此失彼。在我眼里，妈妈或许做到了兼顾事业和家庭——她在工作中兢兢业业不断创新，是颇有成就的科研工作者；在生活中跟爸爸分担操持家务和抚养孩子的重担，是绝对称职的妻子和母亲。但妈妈不漂亮也不爱打扮，她经常背帆布袋上班，拿信封装钱。并不是她缺乏审美和情趣，而是当时的社会不给予事业女性展现魅力的环境和机会。

三十年过去，遥远的居里夫人和撒切尔夫人似乎有些令人生畏，董明珠作为中国最杰出的女企业家之一，备受尊重却不一定被女孩子们羡慕。新一代女性既要求自己全能，也毫不客气地全要。她们比男性更加努力地获取丰富的知识、宽广的视野、出色的技能、健美的身材、不俗的品位和出众的魅力；因为她们早已认定，成功的事业、圆满的婚姻、健康活泼的孩子，以及扮靓、旅行、读书、运动，所有这些自己都值得拥有。"80 后"女性喜欢在朋友圈炫耀的不再是单纯的美食、旅行和派对，

| 2018 年三八国际妇女节，几位各行各业的女性领袖在聚会上人手一只 Art Bag

而是产后三个月身材复原重新投入工作，一边开车送孩子上学一边开电话会议，完赛马拉松后与等候在终点的丈夫和孩子紧紧拥抱。

什么样的女神是新一代女性的楷模？自然是高智商、高颜值并且"一样也不少"的女性。其中英国人权律师艾莫·克鲁尼（Amal Clooney）首屈一指。好莱坞帅大叔乔治·克鲁尼（George Clooney）被公认为世界上最难搞定的钻石王老五，多次宣称不婚。然而当他与才华横溢、拥有模特般身材和相貌、气质迷人的 35 岁的艾莫相识，却迅速为之倾倒，九个月后宣布订婚。艾莫生于黎巴嫩，毕业于牛津大学圣休学院法律专业，紧接着来到纽约大学深造，获得法律硕士学位。艾莫先后在纽约和

2018 年 5 月，艾莫·克鲁尼与美版 *Vogue* 主编安娜·温图尔联合主持一年一度的 Met Gala

| 艾莫·克鲁尼的职场包包 Dior Bar Bag

荷兰的联合国法庭工作，逐渐专注于国际人权案件。当她于 2010 年回到伦敦加入著名的道迪街律师事务所（Doughty Street Chambers），已经是崭露头角的人权律师。与乔治·克鲁尼公开恋情后，艾莫立即受到媒体的高度关注，以最快的速度上榜最佳女性着装名单，其手袋品位尤其饱受赞誉。

成为克鲁尼夫人（Mrs. Clooney）后，艾莫顺利当上一对双胞胎的母亲，事业发展却未曾减速，生活依旧精彩纷呈。2018 年的艾莫非常忙碌——被哥伦比亚法学院聘为访问教授，在纽约授课；出版了一本国际法专业著作；作为联合主席和安娜·温图尔共同组织时尚界最大的年度盛会 Met Gala；并在哈里王子和梅根的皇室婚礼上被评为最佳着装来宾！

艾莫的时尚风格是极其的"场合适宜"，职场造型严肃端庄，休闲造型轻松浪漫，红毯造型熠熠生辉。艾莫拒绝女性形象因职业被局限，她在一次采访中说："谁说女律师不能活泼，女演员不能严肃呢？"这的确是新一代女性的人生观。

在艾莫·克鲁尼成为"一样也不能少"女神之前，这个位置属于维多利亚·贝克汉姆。有意思的是，贝嫂的丈夫也是全球数一数二的男神。或许在某种程度上，女性的价值感仍和男性有关，只不过现代女性更看重的是男人的颜值和魅力，而不是财富和权力。我的一位"80 后"读者如是评论："贝嫂嫁了全世界女人梦寐以求的男人，戴着一年比一年大的钻戒，背着越来越多的 Hermès Birkin，生下颜值超高的仨儿子，最后还添了超级可爱的女儿。这就算了，结果自己的品牌一出，立刻秒杀众大牌。这是要成仙的节奏啊！"

维多利亚的确是新一代女性心目中典型的"人生赢家"。她生于英国中产阶级家庭，在 1990 年代风靡全球的 Spice Girls（辣妹演唱组）里担当主要成员 Posh Spice（高级辣妹）。我曾是辣妹组合的粉丝，1997 年《辣妹》电影上映时第一天便赶去观看。演唱组解散之后，维多利亚和足球明星贝克汉姆结婚，由歌星转型为星嫂。婚后维多利亚忙忙碌碌，做红毯名人，以拥有一百只 Hermès Birkin 而著称，却没有独立的个人成就。这种依附于男性的状态是从小心怀凌云壮志的维多利亚所不能接受的，于是她决定转型做时装设计师。

明星转型设计师不鲜见，转型成功的却凤毛麟角。维多利亚深知时尚商业的游戏规则，只靠作秀赚眼球不行，实打实做出好产品才是关键。维多利亚为自己找到了可靠的投资人和合作伙伴，认真而严谨地开发产品，低调而诚恳地发布和销售，在时尚界的雷达之外默默建立起自己的品牌 Victoria Beckham。经过六年勤奋耕耘，维多利亚于 2014 年获英国时尚大奖（British Fashion Awards）年度设计师品牌奖，最终赢得时尚界和消费者的认可。如今，Victoria Beckham 是备受尊敬的高端设计师品牌，和所有专业的高端设计师品牌平起平坐。

维多利亚一丝不苟地对待每一个着装场合，她的着装风格永远是正式、精致和昂贵，价值十万乃至上百万元的包包在她手中屡见不鲜。贝嫂对于自己"不亲民"的形象丝毫不感到抱歉。大大方方做自己，追求自己想要的东西也正是新一代女性的价值观。

艾莫·克鲁尼和维多利亚的超级知名度和影响力反映出女性主义在全世界范围的普及和深入。从政界到商界，从娱乐界到时尚界，棒棒

维多利亚穿戴自家品牌的职业套装，手拿同品牌手包

的、美美的女性比比皆是。美国前总统奥巴马的夫人、Facebook 首席运营官雪莉·桑德伯格（Sheryl Sandberg）、惠普总裁梅格·惠特曼（Meg Whitman）、英国王室的梅根王妃、西班牙王后莱蒂齐亚（Letizia）、特朗普总统的女儿伊万卡·特朗普、时尚偶像兼企业家莎拉·杰西卡·帕克、纽约手袋品牌 MZ Wallace 设计师露西·华莱士·尤斯蒂斯、时尚品牌 Frances Valentine 创始人艾丽丝·埃伦斯（Elyce Arons）等，这些优秀楷模通过社交媒体活跃在大众视线里，启发和激励着每一位女性。

奥巴马夫人的 ZAC Zac Posen 包包
伊万卡·特朗普穿同名品牌小礼服参加美国共和党总统候选人提名大会，这件衣服马上卖断货

时尚偶像莎拉·杰西卡·帕克背 Chanel 接孩子回家
Facebook 首席运营官雪莉·桑德伯格手持红毯手包出席白宫晚宴

纽约手袋品牌 MZ Wallace 设计师露西·华莱士·尤斯蒂斯在北京签售，参加合影的每位粉丝人手一只 MZ Wallace 包包

　　中国也不乏"一样也不少"的励志女性，尽管和欧美女性相比，她们要承受更多传统观念的压力。我第一个想起了章子怡——事业上成就斐然，囊括华语电影所有主要奖项，多次出演好莱坞主流大片；生活中无所畏惧，顶住流言蜚语和恶意中伤，高调恋爱高调分手高调结婚。如今 40 岁的她，幸福地怀抱女儿比肩丈夫，眼神依然清澈，笑起来甜美如初，似乎从未经历过挫折。我不是章子怡的影迷，但为她勇敢而执着地"要我想要"而喝彩。

好朋友晓雪是我身边的"一样也不少"女性。中文版《ELLE》主编一做十几年，晓雪是当之无愧的中国时尚领袖。一对如花似玉的双胞胎女儿，虽不能天天守在身边，母女亲情的深厚却丝毫不打折扣。我很欣赏晓雪的着装风格，优雅的礼服和休闲运动装切换自如，没人能把白球鞋和晚装搭配得如此和谐。晓雪的包包永远令人垂涎，多年前我曾经写过一篇晓雪包柜专访，读者的热情反响震撼人心。

在全球化和互联网时代，中国女性不仅关注身边的优秀女性，更从全世界的优秀女性身上汲取启发和力量。或许中国在男女平等方面还落后于一些国家，但是新一代女性的人生观和价值观正在发生变革。她们用自己的行动和态度证明：事业、生活和包包，一样也不能少。我为中国新一代女性点赞！

晓雪在法国勃艮第第戎美术馆

晓雪在巴黎时装周秀场外

视觉的盛宴

那些《欲望都市》里的手袋

　　《魂断蓝桥》《罗马假日》《教父》《阿甘正传》……这些经典电影正如曹雪芹的《红楼梦》和莎士比亚的《仲夏夜之梦》，代代传颂，永不过时。我们这个年代诞生了经典电视剧。1998年至2004年风靡全球的电视剧《欲望都市》以及2008年、2010年相继拍摄的同名电影，

| 《欲望都市》电影第二部剧照

是整整两代人——"70后"和"80后"的恋爱指南和时尚圣经，堪称经典中的经典。我收藏了全部六季电视剧和两部电影，偶尔看上半小时，四位精彩女性与纽约的相爱相杀，她们对鞋子和包包真诚的痴迷，总能戳中我。

表面上《欲望都市》是一部关于生活、爱情和时尚的故事，实际上这是一部关于女性如何取悦自己和掌控生活的故事。换句话说，《欲望都市》的核心思想是女性主义，因此在我们所处的"女权"（girl power）时代具有特别的启发意义。亲爱的读者们或许能看出来，我们这本讲述手袋的书其实也是关于女性主义的；我们之所以关心手袋的种种，并非因为我们是购物狂或者收藏家，而是因为手袋不仅是女性表达个性和展现魅力的法宝，还是取悦和满足自己的载体，甚至是实现自我价值的象征。

话说手袋在《欲望都市》里另有一项特殊的贡献。最初这部剧还没有名气，造型师因预算有限不得不从二手店为四位女主角挑选衣服。随着第三季逐渐热播，Fendi率先把自家包包借给剧组。没想到这款1997年推出的Fendi Baguette不温不火两三年之后被凯丽背红了！从此大大小小的设计师品牌接踵而至，各种新款纷纷送上门来，剧组再也不愁借不到服装了。其实电视剧的品牌植入风潮就是从《欲望都市》开始的，后来愈演愈烈，以至于到《绯闻女孩》和《美少女的谎言》热播的时候，很多观众甚至专注于欣赏时装而不再关心剧情。

《欲望都市》无疑是一部空前成功的时装剧，多次获得最佳服装奖，造型师帕翠西亚·菲尔德（Patricia Field）因此一举成名。对我来说，这部剧如同一家超级糖果店，满屏满眼的衣服、鞋子和包包让人目不暇接、兴奋不已，恨不得吃透四个女人的每一身造型。凯丽妩媚妖娆，夏洛特（Charlotte）精致优雅，萨曼莎性感豪放，米兰达（Miranda）帅气洒脱。不知多少女人把《欲望都市》当成搭配参考书，源源不断地从中获得灵感和启发。还有那些令人垂涎欲滴的包包，完全看不够！

写这篇文章时正值《欲望都市》首映二十周年，四个女人流光溢彩的身姿和跌跌撞撞的生活仍历历在目。我自己也在这二十年里从青年走到中年，皱纹和智慧生出许多，爱美的心则始终如一。四个女人中，我最欣赏凯丽，爱她的百变混搭造型，更爱她的真挚和幽默。下面我选出凯丽的十身装扮和十条金句，请朋友们跟我一起回顾和欣赏，以此纪念《欲望都市》和它陪我们走过的岁月。

凯丽金句

It's just a little bag, but we'd feel naked in public without it.

虽然仅仅是一只小包包，但是没有它我们会感觉自己在大庭广众之下没穿衣服。

搭配点评　这是第三季里凯丽向艾丹（Aidan）表白时的 look。温柔的粉色、紫色和金色烘托浪漫的心情和小女生的羞涩。凯丽穿搭里的冒险精神非常有趣，淡粉色西裤本是老年淑女的经典单品，然而配上运动风的白色背心，再把一只醒目的胸花别在肩上，性感和调皮尽显。凯丽的包包是约翰·加利亚诺（John Galliano）在 2000 年推出的 Dior 经典马鞍包，没想到十八年后强势回归，是 2018 年备受瞩目的包包之一，Prada 也借鉴这个不朽的款型推出自己的马鞍包款。

凯丽金句

Shopping is my cardio.

血拼是我的有氧运动。

    搭配点评   长度过膝的裙子对于身材娇小的凯丽来说不易驾驭，拉长小腿是关键所在，所以她聪明地选择了脚踝处没有绳带的最简洁的高跟鞋，跟美版 *Vogue* 主编安娜·温图尔的心思一模一样。皮毛大衣太隆重？没关系，用露出一小截纱裙的活泼来平衡。金粉色手包和玫红围巾相呼应，二者都不显突兀，况且这是狂购礼物的圣诞季呢！

凯丽金句

I'm not afraid of heights... have you seen my shoes?

我不恐高……你看到我的鞋没有？

搭配点评 穿搭有趣的人一定不会乏味。凯丽擅长混搭和撞色，每身装束都有出其不意的小亮点，表现出她的聪明和诙谐。周末逛农贸市场穿什么？邻家女孩的太阳裙搭贵妇风格的 Hermès Birkin，脚踝绑带的高跟鞋既淑女又时髦，这一身红蓝绿全部到齐，却怎么看怎么和谐。

凯丽金句

Maybe the best any of us can do is not quit. Play the hand we've been given, and accessorize the outfit we've got.

或许我们只能做到不放弃。好好打手上的牌，好好给自己的一身衣服添加配饰。

搭配点评　A 字裙是小个子女性的好朋友，既突出美好的身材比例，又可以淡化身高的劣势。　凯丽穿的这件碎花连衣裙原本是经典的淑女风格，然而拒绝中规中矩的她又给人一个惊喜——运动风黑色粗肩带给裙子带来休闲和现代的感觉，50 年代家庭主妇立刻变身21 世纪 downtown girl（下城女孩）。手包和高跟鞋散发淡淡珠光，给整身装束增添温柔的女性感和稍许正式感。撞色是低调进行的——裙子的淡蓝色和高跟鞋的淡粉色。或许混搭的魅力正在于此，穿这一袭去鸡尾酒会，你是一群人里的波希米亚女孩；穿这一袭去逛古董市场，你是令众人回头的精致公主。

凯丽金句

They say nothing lasts forever; dreams change, trends come and go, but friendships never go out of style.

人们说什么都不会长久，梦想会改变，潮流来了又走，但是友谊永远不过时。

搭配点评　这是四个女人的海报图造型，考虑到风格统一和谐，凯丽的着装和平日相比稍显低调。然而这件白色的 Halston 小礼服也并未背叛凯丽的风格，高腰和多褶的款式依旧是她爱的 downtown 范儿。裙子的低调用璀璨的 statement necklace（宣言项链）和金色高跟鞋来平衡，依旧让人眼前一亮。

凯丽金句

I like my money right where I can see it... hanging in my closet.

我喜欢把钱放在我能看得到的地方——挂在衣橱里。

　　搭配点评　这是凯丽饱受盛赞的一个造型。绿色印花古着连衣裙和短袖小外套在纽约的春天里格外令人心动，Timmy Woods 埃菲尔铁塔手包更是点睛单品，让整身装束浪漫升级。然而古怪精灵的凯丽从不满足于漂亮，她还要有趣，于是用了朋克风格的铆钉腰带和角斗士凉鞋，果然风情万种。或许我们从这身装扮还可以看出，束腰 A 字连衣裙最适合凯丽娇小玲珑的身材，所以她百穿不厌。A 字裙最性感的长度在小腿最高处，刚好盖住膝盖，这样小腿看起来又长又美。

凯丽金句

You shouldn't have to sacrifice who you are just because somebody else has a problem with it.

你不应该因为别人的问题而牺牲做自己的权利。

　　搭配点评　这或许是凯丽最邻家女孩的造型之一，连包包都是简简单单的帆布购物袋。然而邻家并不等于平庸，有趣的亮点比比皆是。高腰裤穿得太有心机，上面露一截细腰，下面露一截脚踝，把身材比例优化到极致。朴素的格子衬衫打个结，调皮和性感立现。凯丽的装扮里经常有一件"违和"的混搭单品，在这里是淡紫色铆钉防水台高跟鞋，她用鞋子的张扬来平衡衣服和包包的低调。

凯丽金句

Sometimes, I would buy Vogue instead of dinner. I just felt it fed me more.

有时我买 Vogue 而省了晚饭，因为我觉得它更能喂饱我。

　　搭配点评　　不知有多少女人垂涎这只 Ferragamo 羽毛手包！毫无疑问包包浪漫而奢华的风格奠定了这身装束的基调。蓬蓬的粉色印花小礼服裙，绸缎材质熠熠发光，撑起礼服的衬裙沙沙作响，这是不折不扣的浪漫和奢华吧。羽毛手包的棕色略微沉重，如何平衡？用同色系的凉鞋。鞋子的暖棕色和透明部分又给这身装扮带来很多轻盈。白色腰带上的铆钉代表了凯丽的小叛逆。

凯丽金句

After he left I cried for a week. And then I realized that I do have faith. Faith in myself.

他离开后我哭了一个星期，然后我意识到自己依然抱有信念，对自己抱有信念。

搭配点评　红绿印花的白色大衣，Hermès 丝巾，连发型都一改平常自由奔放的卷发而变成顺滑的披肩金发。其实凯丽这身装扮，除去粗跟防水台高跟鞋，是经典纽约上东区贵妇的圣诞季造型。但我最感兴趣的是这只布满 logo 的 Christian Dior 包包，因为同样的 logo 图案在 Christian Dior 2019 早春款里大规模重现，让我这颗怀旧的心生出无边的喜悦。

凯丽金句

Maybe the past is like an anchor holding us back. Maybe you have to let go of who you were to become who you will be.

一个人的过往会像锚一样牵住她。或许我们应该放弃做过去的自己，变成一个新人。

搭配点评 当我们为点亮心情而穿衣的时候，不妨大胆高调一些。这是电影第二部里的造型，红黄蓝三原色对撞，极具挑战性。成功的关键是色块单纯，撞而不乱。包包的红色和裙子的蓝色是主色块，黄色的鞋子不抢镜，细看却有漂亮精致的细节。银色的项链呼应裙子的金属色光泽，同样低调却漂亮精致。

红毯手包

　　据说没有什么比红毯时刻更让明星们感到焦虑。当加长轿车在红毯前缓缓停下，车门轻轻打开，大大小小、万众瞩目与不甚瞩目的明星款款下车，亮相身材、礼服、配饰和陪同。为了这一时刻，明星们不知付出了多少心血。长达数月的健身节食是必须的；各种微整形和激光磨皮乃例行公事；挑选定制设计师礼服和配饰是整个过程中最具挑战性的一项，其中自有夜不能寐的纠结和错综复杂的竞争；而身边的陪同也是决定输赢的重要筹码。

　　然而对于我们普通人来说，在大大小小的屏幕上观看红毯秀是极其养眼和轻松愉快的。我自然最爱看明星们争奇斗艳的着装，也对争奇斗艳背后的巨大付出充满敬意。谁是本场最佳？谁让人惊艳不已？谁别出心裁？谁敢于挑战常规？或许跟职业有关，手包是我看红毯秀的重点。

　　明星们走红毯需要携带随身物品吗？或许需要，多半不需要，但我似乎没见过哪位明星空手而来。不能"空手"正是红毯手包的功能之一。我很难想象如果没有手包，明星们将如何应对红毯。走路甩臂吗？拍照叉腰吗？手包不但解决了这个无处放手的问题，也能让人立刻变得身姿挺拔，仪态优雅。另外，当女人抓住手包伸直手臂，美妙的肌肉线条便能显示出来。身材健美的明星早已深谙此道，不信下次你注意观察。

红毯手包不是一般的手包，而是极其精美的手包，重装饰而轻功能，可被视为珠宝首饰，甚至艺术品。我们普通人或许鲜有走红毯的机会，但婚礼、重大派对和开幕式等场合完全可以用上。时尚是生活中最好玩的部分，遇到好玩的机会千万不能错过，说不定一款手包能让你成为本次活动的皇后呢！

红毯手包在细节方面极尽装饰之能，在款式方面却基本恪守四种经典款式：信封款、囊袋款、硬盒子款、异型款，其中硬盒子款最为常见。法语里有个词叫 minaudière，意思是装纳首饰的精美小盒子，没有提手和肩带，而这个词的原意是性感俏丽的女人。听起来 minaudière 正是我们今天的硬盒子款红毯手包，也足见法国文化中深厚的时尚根基。

在材质方面，传统手袋的牛皮羊皮很少用于红毯手包，常用的材质是以装饰见长的绸缎、金属、水晶、亮片、亚克力、稀有皮革，佐以刺绣、镶嵌、编织、雕刻工艺手法，创造出精美绝伦，并且常常是独一无二的手包艺术品。

这些美艳动人的手包出自哪些设计师？既有专攻红毯手包的专业设计师，也有饱受赞誉的时装设计师。其中，红毯手包中的几款 It Bag 和几位独树一帜的设计师值得一提。

时尚女魔头安娜·温图尔的信封手包

超模刘雯的金色蛇皮方盒子手包

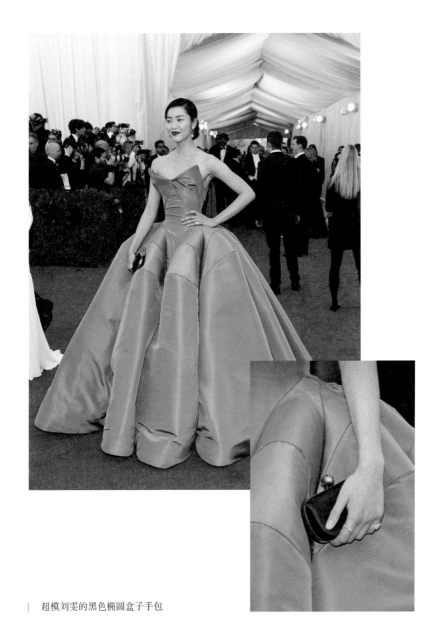

超模刘雯的黑色椭圆盒子手包

演员桑德拉·布洛克的红色鳄鱼皮信封手包

演员安妮·海瑟薇的白色金属边框椭圆盒子手包

Alexander McQueen Skull Box Clutch 骷髅头手包

　　这款方盒子手包自 2007 年问世后即成为红毯佳宠，经久不衰。包包的亮点是锁扣处的四个指环，正好把四个手指套进去，其中中指指环上有一个骷髅头装饰，是酷极的华丽风格。

Alexander McQueen 黑色蕾丝 Skull Box Clutch 骷髅头手包

演员艾玛·斯通的 Alexander McQueen Skull Box Clutch 骷髅头手包

Bottega Veneta Knot Clucth 绳结手包

    Bottega Veneta 以其无限精美和黄油般柔软光滑的羊皮编织包包闻名。这款手包沿用了品牌的经典编织，锁扣处有一个十分精巧的绳结设计，既优雅又现代。2001 年，绳结手包诞生于创意总监托马斯·迈尔（Tomas Maier）任下，虽未一夜走红，但事实证明这款包包对红毯礼服非常友好，因此渐渐成为经典，在重大活动中几乎从不缺席。

Bottega Veneta Knot Clutch 绳结手包

Bottega Veneta Knot Clutch 绳结手包

VBH Manila Envelope Clutch 信封手包

　　VBH 是曾经做过模特的帅大叔设计师弗农·布鲁斯·霍克西玛（Vernon Bruce Hoeksema）名字的缩写，也是一个历史虽短暂却足够灿烂的品牌。他家的经典款 Manilla Envelope Clutch 信封手包同样诞生于 2000 年代，十分低调却很快获得明星名流近乎疯狂的追捧，一时成为风格和品位的象征。如今 VBH 作为品牌已不复存在，但这款经典手包在二手包包市场上仍然颇受关注和欢迎。

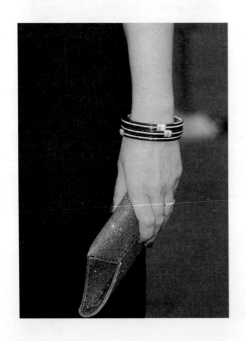

喜剧演员蒂娜·菲的
VBH Manila 信封手包

249

Judith Leiber 水晶手包

　　就像 Burberry 几乎是风衣的代名词，Judith Leiber 也几乎是红毯水晶手包的代名词。人们不说"今天我拿一只 Judith Leiber 手包"，而只说"今天我拿一只 Judith Leiber"。跟其他红毯手包品牌相比，Judith Leiber 是一个颇有历史的美国设计师品牌，创立于 1963 年。设计师朱迪思·雷伯（Judith Leiber）专攻水晶手包，以幽默谐趣的风格独树一帜。尽管设计师已去世，但 Judith Leiber 水晶手包依然是红毯上无可替代的经典。

| Judith Leiber 苹果造型手包

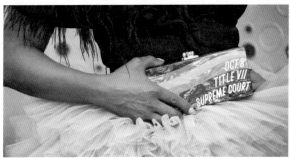

演员拉弗恩·考克斯的 Edie Parker 彩虹手包

Edie Parker 亚克力盒子手包

Edie Parker是一个非常年轻的品牌，由美国设计师布雷特·海曼（Brett Heyman）于2010年创立，专注于亚克力晚宴手包。品牌的风格灵感源自第二次世界大战后的美国历史。1950年代，美国首次引领时尚潮流，而亚克力正是那个年代最时髦的新材料。Edie Parker让落寞已久的亚克力重新成为奢华手袋的经典材质，品牌多款活泼风趣的手包在红毯上格外引人注目。

如果你和我一样喜欢看红毯手包，不妨关注几个一年一度的大型娱乐盛会——1月的金球奖，2月的格莱美奖、奥斯卡奖，5月的Met Gala，9月的艾美奖，等等。

欣赏之余，或许你也会受到启发，下个月参加朋友的婚礼要选一只红毯手包搭配礼服。我这里有两个最简单的搭配小tips：（1）与礼服同色的手包最为安全。黑色手包搭配黑色礼服，红色手包搭配红色礼服，效果往往是优雅而高贵。（2）金属色手包既华丽又百搭。谁不想华丽丽地出现在晚会上？穿金带银不如拿一只金色或银色的手包，显得既聪明又有品位。

演员维多利亚·贾斯蒂斯的
Edie Parker 荧光黄色手包

253

演员米拉－乔沃维奇的 Edie Parker 手包

254

是手袋还是饰品?

最近十年成长起来的包迷或许不记得大号包曾经是手袋的主流吧。21 世纪第一个十年里大包当道,女性把整个世界装进手袋。尤其在 logo 盛行的年代,包不大不足以撑气场,logo 不大不足以显富贵。

大包风格的代表人物当属童星变身时装设计师的奥尔森双胞胎姐妹(Olsen Twins)。身材娇小,纤细的脖子时常裹在围巾里,忽闪的眼睛永远藏在硕大的墨镜后。两姐妹都喜欢穿黑色,拎大包,既有女强人的霸气,又有青春少女的叛逆。

大约从 2010 年开始,小包渐渐抬头,各品牌陆续为经典款推出 Mini 版。消费者纷纷弃大换小,小号手袋的销量迅速超过大号。接下来几年小包风愈演愈烈,2015 年秋冬 Fendi 推出 Micro Peekaboo,人类正式进入微型包时代。

微型包到底有多小?大点的可以勉强装下手机,小点的只能装下口红。有人开玩笑说有五样女性必需品,Fendi Micro Peekaboo 哪个都装不下——苹果手机、墨镜盒、睫毛膏、圆珠笔、午餐能量棒。以前手袋被称为"手臂上的糖果",现在只能叫"手指上的糖果"(finger candy)。自从前几年小包开始受宠,长款钱包的销量直线下降。而微型包问世之后,钱包的地位更加岌岌可危,无论是长款还是短款都面临彻底被淘汰

奥尔森姐妹的经典形象，黑衣、大包和墨镜

的可能。

每个时尚潮流都有其社会根源。经济萧条时期口红热卖，原因是人们虽然没钱添置大件却买得起一只口红，让自己瞬间从阴郁的心情中走出。经济繁荣时期，彰显富贵的金色银色和表达欢乐的璀璨珠光往往会风光一番。那么微型包流行的原因是什么呢？从使用场景来考虑，最重要的原因或许是智能手机的广泛应用。手机越来越强大，电脑和 iPad 的的用途越来越少，各种移动支付把现金和信用卡都省掉了，那么包包只要能装下手机就好。

大家有没有注意博主们是怎么背微型包的？斜挎居多！微型包流行的同时，斜挎包似乎变得更加不可或缺，其原因也是手机。我们随时拿出手机拍照和打字，必须腾出双手同时操作，包包斜挎在身上既方便又安全。

小包也是极简生活方式的体现。因为包包容量小，迫使主人出门只携带极为必需的物件——手机和口红。大包里的长款钱包、笔记本、化妆袋、充电宝甚至遮阳伞和保温杯，统统留在家里吧。如果这种生活方式适合你，轻装出行格外清爽；如果不适合你，不妨背两只包，大包日常，小包造型。

对于时髦的姑娘们来说，微型包是不可多得的造型利器。微型包小巧玲珑、便于修饰，或花团锦簇或精美绝伦，跨界于手袋和饰品之间。有时真的让人傻傻分不清，这姑娘是背着一只包，还是戴着一条项链。

对设计师和品牌来说，微型包包以其活泼风格和入门价位吸引年轻的消费者。入门价位对年轻消费者的魅力尤其不可低估。微型包包

超模卡拉·迪瓦伊在 Fendi 2015 春夏秀上的 Micro Peekaboo 造型掀起微型包风潮

博主身背 MCM Milla Micro Bag
这位博主的六角形蟒皮微型包是包包还是项链？

2019 年最热门的微型包 Jacquemus Le Chiquito，小到登峰造极，几乎可以当作手腕装饰
这款香水瓶造型 Chanel 包包既可以当作手包拎在手上，也可以当作项链挂在脖子上，甚至
可以当作艺术品摆在桌上

个头虽小，却是百分之百的品牌原汁原味，不是掺了水的面向大众的logo 帆布款，更不是副线产品。"90 后"是设计师品牌的消费主力，"00后"是兵家必争的战略重地，尽早让他们对品牌产生兴趣和感情事关重大。以 2019 年各大品牌 T 台走秀为证，微型款手袋争奇斗艳，格外引人注目。

微型手袋不仅肩负培养下一代消费者的使命，也担当起开源老顾客消费潜力的重任。各大 It Bag 在能接受其价位的消费者群体中渗透率极高，很多人拥有同款多色，已无理由再买。可是微型款来了，亲切的经典款一下变成一件可爱的小饰物甚至一只挂坠，于是又可以买买买啦。

我们来看几组经典款和其微型版，是不是各有千秋，哪款都让人放不下呢？

Fendi Peekaboo: 经典版端庄，微型版俏皮。

Fendi Peekaboo
Fendi Micro Peekaboo

Fendi Baguette: 经典版时尚，微型版时髦。

Fendi Baguette
Fendi Micro Baguette

Chanel Boy: 经典版不会出错，微型版给人惊喜。

Chanel Boy
Chanel Boy 最小号

Dior Diorama: 经典版优雅，微型版锋利。

Dior Diorama
Dior Micro Diorama

Louis Vuitton Speedy: 经典版人手一只，微型版太可爱，更应该人手一只啊！

Louis Vuitton Speedy
Louis Vuitton Micro Speedy

是手袋还是艺术品？

对美术史略知一二的朋友们或许了解，美术史也是一部工匠变身艺术家的历史。从史前到古希腊和古罗马，再到中世纪，那些壁画、雕塑和绘画大多没有留下创作者的名字，这是因为创作者的身份只是工匠，和铁匠、木匠同属社会下层。自文艺复兴开始，艺术逐渐从手工劳作中升华出来，不但形成诸多风格和流派，也在不断更迭的各个艺术时期——巴洛克、洛可可、新古典主义、浪漫主义、现实主义、印象派、后印象派等当中，越来越突出艺术家自身的个性、审美和表达。时至今日，艺术作品的价值更多来自艺术家的创意而非技艺。

不仅仅是艺术家，文学家、音乐家和时装设计师也经历了类似的身份转变。1858 年，世界上第一间时装屋沃斯时装屋（House of Worth）在巴黎开业，创始人查尔斯·弗雷德里克·沃斯（Charles Frederick Worth）不再像千百年来默默无闻的裁缝那样仅仅按照客户的要求缝制衣服，而是把服装视为艺术，在设计中融入独特的个人风格。穿 Charles Worth 礼服的女人不仅展示自己的审美，也展示设计师的审美。创立时装屋之前，查尔斯·沃斯作为专为上流社会服务的高级裁缝，每件礼服收费大约三百法郎；创立时装屋之后，查尔斯·沃斯作为时装设计师，成了众多名流的座上宾，并得到欧仁妮皇后（拿破仑三世的皇后）的青睐，这时他的每件礼服收费升至两千法郎。

随着时装设计师收入和地位的提高，他们劳动里的艺术创作的价值也得到越来越广泛的认同。继查尔斯·沃斯之后，保罗·波烈（Paul Poiret）、让-巴度（Jean Patou）、马德琳·维奥内特（Madeleine Vionnet）、可可·香奈儿等著名时装设计师纷纷在各自的作品中展现艺术想象力。可可·香奈儿的宿敌伊尔莎·斯奇培尔莉（Elsa Schiaparelli）第一次打破时装和艺术的边界，与超现实主义艺术家达利合作，设计出用我们今天的语言称为"艺术家合作款"的多款礼服，其中以1937年问世的龙虾礼服最为著名，由温莎公爵夫人穿着登上 Vogue 杂志。

1937 年，温莎公爵夫人身穿伊尔莎·斯奇培尔莉和达利的合作款龙虾礼服为 Vogue 杂志拍大片

| 模特身背 Louis Vuitton 与艺术家村上隆合作款多彩系列包包，站在中间的是村上隆

　　手袋作为女性着装的配饰在很长时间里并不引人注目，这种情况持续到 1980 年代才发生变化。由家族企业发展而来的奢侈品牌经历了全球化和民主化的变革之后，手袋逐渐成为独立的产业迅速壮大。如今对很多奢侈品牌来说，手袋的销售和赢利能力早已超过服装。随着手袋的地位越来越突出，手袋和艺术家的跨界合作也如期而至。

　　马克·雅可布（Marc Jacobs）自 1997 年担任 Louis Vuitton 品牌创意总监以来，极力甩掉品牌老旧陈腐的形象，注入街头和波普元素令品牌年轻化。2001 年，Louis Vuitton 和以朋克风格著称的美国艺术家斯蒂芬·斯普劳斯（Stephen Sprouse）合作推出涂鸦系列手袋，包包上醒目的涂鸦字母颇具视觉冲击力，成功获得时尚媒体的关注。

如果说与斯蒂芬·斯普劳斯的合作只是小试牛刀，那么2003年到2015年Louis Vuitton与日本波普艺术家村上隆的合作则可谓轰轰烈烈。村上隆合作款推出过多个包包系列，包括三十三种颜色的经典老花系列、樱花系列、樱桃系列、迷彩系列、Mr. Dob系列等。村上隆活泼可爱的设计一经上市立刻赢得年轻消费者的青睐，包包供不应求。2004年，我在美国得州奥斯汀的Louis Vuitton店实习，记得村上隆多色老花系列很快卖断货，连我们这家很小的专卖店居然也有好几十人排队等货。

村上隆合作款大获成功后，Louis Vuitton又数次与其他艺术家合作。2007年推出理查德·普林斯（Richard Prince）合作款，2012年推出草间弥生合作款，最近一次是2017年春夏与杰夫·昆斯（Jeff Koons）合作推出的艺术大师系列。杰夫·昆斯是出生于1950年代的美国现代艺术家，善于以流行文化和日常物品（比如气球）为元素进行创作。在与Louis Vuitton的合作系列里，他把不同时期多位艺术大师的名作印在Louis Vuitton经典款包包上——达·芬奇（Leonardo da Vinci）、提香（Titian）、鲁本斯（Peter Paul Rubens）、让-奥诺雷·弗拉戈纳尔（Jean-Honoré Fragonard）、弗朗索瓦·布歇（François Boucher）、威廉·透纳（J. M. W. Turner）、马奈（Édouard Manet）、莫奈（Claude Monet）、梵高（Vincent van Gogh）、高更（Paul Gauguin）。

近年来，与艺术家合作不仅成为奢侈品牌常用的营销策略，也逐渐被大众品牌和小众设计师品牌采用。有些品牌为经典款推出艺术家合作系列，意在发扬传统，增强品牌的生命力。也有些品牌不追求商业利

纽约第五大道上 Louis Vuitton 旗舰店橱窗展示 Jeff Koons 艺术大师系列包包

| Louis Vuitton 与 Jeff Koons 合作款艺术大师系列之达芬奇

益，意在宣传品牌的价值观，或者创造出具有艺术收藏价值的手袋。早在 2004 年，Longchamp 为纪念 Le Pilage 诞生十周年，与英国艺术家翠西·艾敏（Tracey Emin）合作推出限量款，把具有女性主义色彩的拼布标语"Always Me"绣在中国消费者俗称"饺子包"的经典购物袋上。

Dior 于 2016 年、2017 年相继推出 Dior Lady Art 系列，极具艺术收藏价值。在这个系列里，十几位当代艺术家，特别是年轻艺术家，得到邀请，把他们的作品呈现在经典款 Dior Lady 上。其中一位艺术家是中国的洪浩，他的两幅作品《藏经：世界地貌新图》和《我的东西——圆之三》被搬上手袋。

| 2004 年，Longchamp 和英国艺术家翠西·艾敏推出 Le Pilage 合作款

有些手袋设计师不需要与艺术家合作，其作品本身就是艺术品。纽约设计师朱迪思·雷伯或许是最典型的代表人物。Judith Leiber 精美绝伦的水晶手包几乎是红毯晚宴包的代名词，不但早已成为名流名媛出席盛典的常规选择，也曾被多位美国第一夫人携带参加活动。设计师朱迪思·雷伯于 1921 年出生于匈牙利的犹太家庭，17 岁前往伦敦国王学院（King's College）学习化学专业，后回到匈牙利进入手袋行业。二战中，她和家人侥幸逃脱纳粹的屠杀，战后与画家丈夫移民美国。1963 年，她在纽约创立手袋品牌，专攻晚宴包，以诙谐活泼和璀璨水晶著称，1994年获得 CFDA 终身成就奖。每一件 Judith Leiber 晚宴包都堪称艺术品，别具一格，手工精湛。

朱迪思·雷伯于 2018 年 4 月去世，享年 97 岁，全球时尚媒体纷纷哀悼缅怀。尽管消费者无法再买到设计师的原创设计，但还有机会欣赏她的作品。其实设计师早在十几年前就开始买回自己的作品，收藏在位于纽约长岛的 Leiber Collection 博物馆里，有兴趣的朋友不妨前往参观（地址：446 Old Stone Hwy, East Hampton, NY 11937-3191）。博物馆里不仅有几百件 Judith Leiber 手包，还有丈夫杰森·雷伯（Gerson Leiber）的画作和雕塑。令人唏嘘的是，这对结婚七十三年的爱侣真正做到了相伴终生——离开人世的时间仅仅相隔几个小时。

| Judith Leiber 擅长活泼诙谐的动物造型，左图为瓢虫晚宴包

在与艺术融合这件事上，我看到越来越多的手袋设计师，特别是小众设计师参加进来。我也看到越来越多的消费者以收藏艺术品的眼光选购包包，务求精美无双、独一无二。客厅的书架上摆上几只手包其实别有风情呢！再说，谁又分得清设计师奥林匹亚 - 谭（Olympia Le-Tan）的手包到底是书还是包包？

Olympia Le-Tan 著名的 book 手包

美国女明星赛琳娜·戈麦斯手拿 Judith Leiber 手包出席威尼斯电影节红毯

特邀：手袋的故事

我的买包史

文：黄佟佟

一

我是"70后"。

我们成长的年代里，几乎没有受过什么美学教育，至于品牌教育就更别提了，能吃饱穿暖就已经很了不起了，还谈什么牌子，简直是奢侈。

我儿子13岁已经背三宅一生的书包（挑选新年礼物时他自己挑的，说不想要阿迪和耐克了，觉得太俗，而三宅一生是中学生不太知道的牌子，所以喜欢）。而我13岁的时候，还在为5月初夏要不要穿裙子而发愁——因为不想给人爱漂亮的印象，但心里又好喜欢——那时爱学习的女孩子都不爱漂亮，爱漂亮是贬义词。

我妈是我的班主任，因为节俭，也因为不想要我爱漂亮（鬼知道她为什么大学时又拼命逼我爱漂亮），所以一直是背着一个很烂的大书包。那时，家里经济情况稍微好一些的同学都背那种很洋气的色彩鲜艳的双肩包。而我在小学阶段、中学阶段常年都背着一只军绿色的单肩帆布大书包，背了好多年，以至于上面墨迹斑斑，里面更是乱成一团。我猜是因为自己那时对于一切物质都有一种放任，反正也得不到，所以干脆就不要在意。

太过匮乏的童年，会造成无知和缺憾，也造成了我后来的报复性购物，但是这都是后话。

二

我买到第一只真正意义上的名牌包，要到二十七八岁了。

那时，刚从湖南到广州来，在一家时尚杂志做编辑，我依然还是背着一只大背包，黑色的尼龙大黑包，单肩。

因为初到宝地，缺乏安全感，我常会把一天所有可能会用得上的东西都放在包里，死沉死沉的，像个百宝箱。有一次我们一个同事去了五趟泰国，买了很多情趣安全套分赠大家，我顺手放在包里就忘记了，直至两年以后从包里发现几只安全套才吓一跳。当时虹影有一本书说1980年代过得开放的女孩随身都带着安全套，而我这个懵懂女孩则完全是因为心大包大忘性大，才成了一个背着安全套满世界乱跑的人。

在时尚杂志我是做文化部分的。同事们都很时尚，她们穿着长裙、夹着烟，在亮晶晶的环市东路写字楼里走来走去，有点翩若惊鸿的意思，我就显得很格格不入。作为中国最早接触时尚杂志的人，她们知道很多牌子，很少见到像我这么不修边幅、永远背着一只黑色尼龙大包的土气女孩吧！

2001年，第一次跟同事一起去香港出差，住在湾仔，印象最深刻的是会展中心附近空中那些四通八达的天桥把我转得好晕。人生第一次买回了一只名牌包：Longchamp 灰蓝长柄 Le Pliage 系列尼龙手提包。

完全是被同事们催的，和我一起出差的同事一到香港就冲进 SASA 狂买、冲进置地狂买,总之她们冲进各种地方都狂买。那时去香港还好难，自由行还要好几年之后才开始实行。而我被她们的狂买震惊了，默默地侧立在一旁等她们。

后来她们冲进了一家包店，淡淡地指点我说："这个牌子是法国的，很出名，又结实又轻。你每次回办公室喜欢拎那么多东西，这个包最适合你了。而且你在时尚杂志工作哎，一只名牌包都不用显得很土哎……"

于是刚刚到广州工作两年的我懵懵懂懂就买了所谓人生第一款名牌包，完全不知品牌意义，反正有人告诉我这是名牌，而刚好又负担得起，就买了。

小号七百多，中号九百多（到现在还是这价格，也算是良心了），我想了半天，选了中号的。这只包结结实实用足了两年，我天天背着它。同事说得没错，确实又轻又结实，放多少东西也不怕，直到磨破了角（当然这也是这个牌子最大的弱点，它永远会被磨破了角）。

有一段时间，只要去香港，就必去 Longchamp 逛逛，因为发现这是自己唯一买得起的、也可以称之为世界名牌的包。后来时间长了，虽然随身背的包换了牌子，但诸多的旅行用品也还是用 Longchamp 的，因为它们结实耐用，价格也不贵。

比如我最常用的一只大号军绿色男式 Longchamp 旅行包，买的时候是因为看了法国电影《将来的事》。法国文艺女神于佩儿在戏里离开丈夫时，手上就是拎着这一只大号男式 Longchamp 旅行包。电影里的女人急不可耐地要跑向新的生活，而我则再三重放确定她手上拎的那只好看的包是什么牌子。一看是 Longchamp，立刻就去香港买了下来。我记得是一千多港币，用了若干年。它轻，特别能装，每次出十几天的远门必带，放在箱子的一角，等买到箱子实在装不下时，就拿出它来最后救援。

三

真正开始大规模买包还是在做公众号之后。

2014 年，我和我的好友蓝小姐一起做了一个公号叫"蓝小姐和黄小姐"。这个公号的口号是"对这个浮华世界的小角度报告"，既然是浮华世界，少不了就有奢侈品和名牌。

做为一个 1990 年代文学青年出身的人，从不懂名牌到忽视名牌再到鄙视名牌，这中间的心路历程何止十数年。我猜如果不是因为我一来广州进的就是时尚杂志，后来又自己做了一个明星时尚公号，我可能一辈子都是个与名牌无缘的人。有时采访碰到一些穿得灰扑扑的女作家，与名牌誓不两立的样子，就想到自己，原本是有 90% 可能会成为这样的人的。其实就是因为没接触，所以有一种厌恶和恐惧——好的东西谁不喜欢，没用过而说自己不喜欢的人，无一例外都是因为害怕露怯。

后来我认识了大学时的文学偶像张欣。她很早就开始用名牌，在小说里也经常会提到，比如 1990 年代在友谊商店里买 Max Factor 的化妆品啊、男主角开着最新款 Nissan 车这些细节。她就告诉过我，说她谈重要的合同的时候会拎着自己的 Hermès，因为这实际上是一个信号，就是告诉对方我是很贵的，别压我价格。我觉得这太有意思了，也算是名牌心理学的一个范畴。有趣的是，她和我的另一个文学偶像亦舒一样，也推崇东西买了就要用，别像捧着一
宝贝似的，越不经意越好。有一次
一个很冷的天，她穿着一件裘皮短
上衣、拎着一只大的 BV（Bottega
Veneta）袋去参加一个文学讲座，
然后上台的时候，就随意把裘皮和
BV 扔在了地上，惹得好多懂行的文学青年赞美言情祖师奶奶的潇洒和
不羁。

我个人买的第一只 Chanel 包是一只白色 Chanel。

那时刚刚赚了一点钱，和蓝小姐去香港。蓝小姐在 Chanel 店逼着
我买了一只当季款的 Chanel。她说，你做时尚的，怎么能一只 Chanel
也没有，以后还要去参加他们的活动，这是为了工作。

这一句打动了我，因为我是一个敬业的人——为了工作买包，也是
另一种破解困局之道吧。因就我个人的成长经历而言，我实在没法说服
自己花一两万买一只小包。

从此我一发不可收拾，开始了购买 Chanel 的旅程，基本上一季会
买一只 Chanel，因为有些季节款永
远不会再出，如果喜欢就一定要拿
下，错过就没有机会了。后来我发
现这大概是 Chanel 的一种策略，叫
作饥饿营销。

除了饥饿营销，我个人觉得

Chanel 的品牌形象做得特别好。Chanel 的复兴真的要感谢刚刚去世的老佛爷，老佛爷把 Chanel 本人所有的一切都塑造成了一种传奇。她用过的东西、她的性格、她的经历，甚至连新开发的一款香水都要用到 Chanel 的闺名，以显示这款香水的少女特性。 Chanel 本人之于 Chanel 品牌，就像一个原点，就像一个开发不尽的宝藏：一个一无所有的孤女独闯世界，白手

起家，以自己的创作力还有联合纵横的能力，生生做起一个闻名世界的牌子，这其中的女性力量和自由的意味不言而喻。于是乎，有关于她的一切都成为美好，都有着传奇的香气。每一款 Chanel 都自带特别的基因，这大概也是人们之所以愿意付出高昂的代价拥有它的原因。有时，看着一套粗呢衣服几十万，一双打脚的鞋卖六七千，一串假的项链卖上万，就忍不住感叹品牌故事背后强大的溢价力量。

我在巴黎本部买了一只 CF（Classic Flap），经典到不能再经典。可惜不是很喜欢，很少背，因为觉得跟各种网红撞款。但是无论如何，也是要有一只吧。

我最近买了一只 Chanel，是帆布款的，贪图它的大和它的不羁。店员说你随时可以把它放在地上，这一句又把我打动了。

四

关于买包这件事，我的拍档蓝小姐有一个浩叹。

"你比我幸运，我从小到大都喜欢买包，一路买过各种各样的包，但是到最后发现其实那些包都是杂牌，包里面，还是只有 Hermès 和 Chanel 最好。你呢？一入包道，立即上手的是最好的牌子，一点也不用后悔买错了。"

其时，我刚好开始买 Chanel。

Hermès 的好，还真的是要买完 Chanel 之后才知道。

Hermès 的好是它的隽永，没有过分的装饰，几乎不可见的 logo，上好的皮料，不张扬不突兀，尽显这个牌子的保守与安全，毕竟他们家是靠做高级马具起家的。当然，还有最重要的一点，就是贵。

2017 年，美国上东区的一位女性写了一本书，名字是《我是个妈妈，我需要铂金包：一个耶鲁人类学家博士的上东区育儿战争》。书中说每一个上东区女人都想要一只 Hermès 铂金包，因为动辄十万块人民币以上的消费确实是一道分界线。除此之外，它还象征着身份，必须是熟客才行，不是熟客有钱还买不着。有一次我和蓝小姐去香港铜锣湾，在买了几样东西之后，售货小姐突然好像良心发现，悄声说现在我们有一只大象灰的 Hermès Kelly，配货加起来才十几万，你们要不要？现在想起来真是有点可笑——一只原本八万块的包，你还要加买八万块的其他货品才能拎走，说起来是多么霸道，但是偏偏售货小姐还当成是一种福利。销售做到这个样子也还真是牛。

我当然也有 Hermès 的 Kelly 和 Birkin，Kelly 是一只古董包，而 Birkin 则是在日本的一次意外收获。只能说，既然你也算是从事与时尚有关的行业，拥有好的牌子的经典产品就是你的一种职业习惯。

但其实拥有了也就那么回事，很少背出去。这是因为说真的，太招摇了，特别是在广州这个充斥着假 Hermès 的地方（广州三元里桂花岗是全球最大的皮包产地，里面有大量的假包），你背一个 Kelly 和 Birkin 出去似乎真的有点傻。

我用得最多的反而是 Hermès 一些不怎么有假货的日常款式，比如 HER BAG。

有时出去谈事会拎着一只黑色的长型帆布包，它的设计实在是太有意思了，也是在日本买的古董包。

如果和闺蜜们出去喝茶，就会拎一只白色帆布 Hermès。这也是我

的第一只 Hermès，是我朋友送我的。我送了她一条丝巾，她送了我一只帆布 Hermès。这是一种有趣的心路历程，就是当你没有 Kelly 和 Birkin 放在家里镇宅时，这只包就是一种攀缘附会，所以还不如不拿出去丢人；而当你有了 Kelly 和 Birkin，你就觉得用它的那些偏门款是一种趣致好玩。奢侈品的心理学还真是非常有意思。

其实说起来，林林总总的包到了 Hermès 这里就算是万法归宗了，因为它又低调又贵。买完 Hermès 你似乎就不想再买其他的包，因为几乎它所有的款式，好像都可以用一辈子，什么时候拎出来也不觉得过时。所以蓝小姐说，女作家就应该拎 Hermès，因为透着文化。

我只想说，那就只能等什么时候中国的版税价格起来再说。在欧洲你写一本畅销书就可以好好过半辈子，中国何曾有这个戏唱？所以中国的女作家们要拎 Hermès，还有点道阻且长。

五

除了 Chanel 和 Hermès，是不是就不会喜欢别的包了呢？

其实也还真不一定。

一年里面，总会有为一只包神魂颠倒的时刻。

有时候你跟一些物件是有眼缘的，一秒之内，如闪电一样击中你的心，你就知道，你迷上它了，跟爱情没什么两样。

我跟这只 YSL 的相遇就是如此。

有一次从广州去北京出差，我很高兴——你知道，坐飞机时你总是在祈祷身边最好坐一个散发着清新香气的帅哥或者美女，而不是一个浑身散发着体味的肥胖鬼佬。我高兴的原因就是隔座的姑娘很漂亮很优雅，长长的头发，安静地走过来，礼貌地侧身进来，把黑色的包放在脚下，包是没有拉链的，方形，斜斜地放了一部银色的苹果笔记本。

机舱很暗，黑暗中我看到包里露出一抹非常漂亮的红色。咦，是什么包这么好看？里面还垫了一层红色缎子，还真够闷骚的。

一路上我一直在偷瞄这只包，直到下了飞机还惦记着。姑娘在前面走，我紧随其后。她很随意地把包挂在左肩上，让我得以仔细地打量着这只包：嗯，正面看起来有点像 Hermès，但是那一抹红超奇怪哟，我从来没有听说过 Hermès 会在里面垫一层缎子。那这到底是什么包呢？

这时姑娘马上要下电梯了，她一下电梯就消失在茫茫人海里了，这是我与这只包相遇的唯一机会了。这种永别的悲伤让我一瞬间鼓起了勇气（我有严重的人际交往障碍症），我快步走上前去对姑娘说："哎，小姐，你这只包好漂亮，是 Hermès 么？"

姑娘愣了一下，显然被我惊到了。她以为我是想和她搭讪么？她以为我是拉拉么？可是我不是啊，我只是一个直女恋物狂。然后我听到姑娘不带感情地说："不是，是 YSL……"

喔，YSL，YSL，我最喜欢的牌子 YSL，太好了。我的脚步顿时慢了下来，郑重地对自己说："我一定要买到这只 YSL。"

然后一回来我就开始跟蓝小姐唠叨我在飞机上见过的这只YSL。因为我的描述含糊不清，她很迷惑："按你的描述，这应该就是YSL的风琴包，但是风琴包里外都是一样颜色的，没有哪一款是在里面垫了一层红缎子的啊。"

于是此事就此搁下，我一度想姑娘可能是骗我吧，可能一辈子也找不到这只包了吧。

有一年去香港的时候，我们一伙在SOGO（崇光百货）里闲逛，恰好看到YSL，就晃了进去，试了几款都觉得不是我想要的。殷勤的销售问："小姐，你到底想要哪款YSL？我们所有的款都在这里了哦。"

我说我想要外面是黑色的，里面是红色的那款YSL。

他恍然大悟道，喔，我知道你想要哪一款了，这是老款，不过，刚好我们这家有存货。

于是他从里屋拿出这只包。拿出的一刹那，我就在心里吹起一阵口哨：天哪天哪，就是你就是你……我终于找到你了……唯一弄错的点是，因为近视眼，我把里面的红色皮子看成了红色缎子。

"Sac de Jour"，帅哥销售咕哝了一句法语，看我一脸蒙，解释道："这只包叫Sac de Jour，就是每一天都可以用的包，好多明星背过……"

我制止了他说更多的话："嗯，买！"

这就是我寻找我的YSL的故事。

很好笑，又很好玩，茫茫人海，你总是很难碰到你会一见钟情的东西，就算碰到了，因为羞怯或者懒惰，你也可能会错过。如果是以前，我总是劝自己说算了，但活到这把年纪，我终于知道我才不要错过自己真正爱的东西。在能力范围之内，为什么不呢?

虽然是每一天都可以背的包，但其实我并没有每一天都背。

因为还是有点重。

但是看到就很高兴，因为这是一个梦想成真的故事。喜欢一样东西就可以去追，然后也可以买下的心情，还是真的很爽。

六

其实我之前感觉一辈子也不会用LV。

因为太多了，满街都是LV，广州的三元里皮具批发市场满坑满谷都是这个牌子。一直很鄙视，谁会喜欢这种logo铺满身、恨不得告诉全世界我有钱的张扬东西呢?

直到后来做明星时尚稿，查资料时才发现，原来LV没有变成街包之前，也曾经是优雅的代称。

奥黛丽·赫本够优雅的吧，也是LV的粉丝。她有一只小小的常用的LV旅行夹，放护照和钱的。而那只1965年委托LV创始人亨利替她定制的Speedy 25也是名闻天下。邓丽君的故居里也满坑满谷是LV。

在老牌明星们生活的时代里，LV是皇室与上流社会的常用物品。我后来也爱上了LV的老花袋，都是因为明星：一只是琴谱袋，因为邓丽君拎过，是VAGAGE；另一只则是我看到"大魔王"凯特·布兰切特的一张广告图，身穿白色开司米大衣的她，手里就拎着这款包，于是历经千难万苦拿下了它。是贵的，但我就是那种会为喜欢的女明星买包的粉丝，很傻吧。

这几年也常买 LV，当然是一些小东西。

因为名媛章小蕙的介绍，我买过一只 LV 的珠宝包，像一只小箱子，里面的衬布是红绒的，放上珠宝十分好看。

还买过一只 LV 香水袋，本来是放香水的，但我平时也是出短差的时候用来放一些随身首饰。

认真地说，LV 还是挺结实的，也耐脏耐磨，从奢侈品的角度，它是性价比很高的一个牌子。

七

和许多包痴相比，我的包不算多。

但和许多白领相比，我的包又不算少。

当你买到一定的程度之后，那种买包的热情就会缓和下来，大概是因为匮乏得到了医治，占有欲得到了抒发。现在已经很少有包能激起我非买不可的激情了，我的兴趣转向了别的方面，比如瓷器和古董，那些更费钱。买包，确实只是一个初级阶断，如果在买买买这个行业里浸淫多几年，你就会发现花钱是没有尽头的，因为无论你多有钱，总有更贵的东西在等着你。

你买得起 Chanel 的包，还有 Chanel 的腕表在等着你；你买得起 Chanel 的腕表，还有 Chanel 的珠宝在等着你，还有 Cartier 和 Harry Winston 的珠宝在等着你。当你知道那闪亮的一小坨东西需要几百万几千万几个亿的时候，你还是会倒吸一口凉气。是的，无论你多努力，你都是缺钱的人，因为总有让你钱包一冷的东西出现。你必须得承认，物质的世界是没有尽头的。

将来肯定还会继续买包吧，但我想频率会低很多。人生里纯靠物质得到快乐的阶断我想我应该度过了，现在的我只想对自己说人生也到了该轻装前进的阶断，因为比起物质名牌的满足，人生有许多其他的事可以给你更绵长的幸福。这个道理当然一直都懂，只是如果你没有拥有过，你确实很难对物质彻底脱敏。

从匮乏到不匮乏，从狂买到节制，我希望自己可以成为一个适度拥有的人。喜欢就买，但量力而行。物质当然仍然可以带给人快乐和满足，但去创造，去成为一个更好的人，显然是更值得努力的事情。

物质自由不易，精神自由更难，加油哦！

黄佟佟　知名女性微信公众号"蓝小姐和黄小姐"联合创始人，专栏作家，知名媒体人，情感专家，《南都周刊》主笔，新浪、腾讯特约评论员、曾任职时尚杂志、文学杂志多年，出版有《最好的女子》《夜色》《我必亲手重建我的生活》等散文集以及长篇小说十数本书，七零后，现居广州。

Kate 的故事

文：晓雪

我和 Kate，小时候，是一个楼里楼上楼下的邻居，铁杆闺蜜。

我们住的那个大院，是北京北边著名的电力科研大院，院子里，清华子弟比比皆是。院子里的父母都认为，只有理工科才是人生正道。Kate 的爸爸是院里著名的高级工程师、科学院院士，妈妈也是高工，后来 Kate 顺理成章地考上了清华大学电机系。

作为同楼小姐妹，我从中学起，就已经偏文科偏到了十万八千里，从小沉溺于风花雪月、臭美打扮。Kate 考上清华以后，我乐得去清华园子里混了好几年，吃清华的食堂，泡清华的男生，逛清华的图书馆，挤在她的宿舍里过夜……但始终没懂，电机系，到底是学什么的。

少女时代最眷恋的事，是一起荒废时光漫无边际地聊天，聊什么已经都不记得了，只记得有个下午，两个女孩子钻进卧室里天南地北地闲扯，忘记在厨房里烧开水的水壶，结果水壶竟然给烧漏了……到晚上六点，门锁咔哒一响，她妈妈下班回家，只听一声大吼，满屋子糊焦味蔓延过来，两个惊慌失措的女孩子从卧室跑出来，才知惹了祸……

我那个时候想，Kate 应该和她优秀的妈妈一样，一丝不苟，清华毕业后，再到美国留学，然后成为一名女高工；我呢，希望有机会成为一个作家，专写爱情小说。

Kate，从小就有着家族遗传的理工科的深究精神以及缜密的逻辑思维，还有一种惊人的语言天赋。一个暑假，就可以简单攻克一门外语。我妈那个时候常常数落我：你看看人家楼上的姑娘！你看看你都在忙什么……

后来 Kate 真的去了美国留学，一去很多年。送她的时候欢欢喜喜，1990 年代初，去美国留学，在院子里是一件很荣耀的事。

大概我们都没想到，后来有长达五六年的时间彼此失联。那时，别说微信，连 email 都还没普及。各自颠簸奋斗，地址变来变去，连写信都不知寄到哪里了。

忘记了怎么再重逢，只记得重逢的时候，我们虽已都不再是少女，但依然保留着荒废时光一聊一夜的情谊。

那时 Kate 在一家很不错的美国咨询公司工作，我觉得也适合她，咨询公司需要缜密完美的思维和严丝合缝的逻辑，她都有。我呢，没有实现作家梦，做了几年电影和电视后，在臭美的路上一发不可收拾，进入了时尚媒体行业，成为一名女主编。

那时，我们开始交流包。

她看我的包看得眼晕，问我你到底有多少个包，怎么每次见你都是不同的包……

我跟她说：每个星期都要换个包，换包简直让女人心花怒放。反正买不起太多新包，但四个包总要有的，一周换一个。

Kate 惊愕地看着我：

你不嫌麻烦？不怕丢东西？？每周换包？？？

我万万想不到，有一天她会成为"包小姐"。

那时是博客时代，我们都写博客。Kate 的包包生涯是从博客开始的。

她开始在博客上写关于包的文章。一篇文章，关于一个品牌或一个经典包的前世今生。有设计，有人物，有故事。每一篇都像工整的、有理有据的、关于包的小论文。

我看到那些文字时，惊艳了，她真的比时装编辑写得还好。

问她怎么写出来的，她就平淡地答：多查查资料呗……

我当时默默地想：理工科的女人，还是厉害的。

再后来，她竟然真的做起包的生意，引进美国和欧洲一些独立设计师品牌，让中国的女孩子们用起来。

最开始，我坚定不移地给闺蜜泼冷水：时尚这行，可不是好做的。消费者的心理多难拿捏啊，买一个包很容易，卖一个包，还不是众所周知的名牌包，那要做的功课，实在太多了……拿出自己的家当去投资这些独立设计师的品牌，赔了怎么办？儿子还小呢，中年就要到了……

我明显没有劝住她，Kate 的包生意，做得有声有色。

后来去纽约出差，跟她体验过几次买手的工作。在设计师工作室一屋子的包中，选包、选皮、选颜色、选大小，预估中国消费者的接受度、喜爱度，她娴熟、老练、果断，让我刮目相看。那个过程，不算时髦有趣，很琐碎、很统计、很理智，我甚至有些不耐烦。但她很耐烦，津津有味、井井有条。

我再次默默地长叹:理工科的女人,即使做时尚,也有理工科的优势。

我也常常用她的包,朋友问起来,有一点小小的得意和自豪:这是闺蜜做的包呢,Kate Zhou 联名限量款。

如果时光倒流,回到我们共同拥有的少女时代,我还是觉得,那么有天赋、那么聪明的她,不是明明应该成为一名女科学家么?

如今,世界上虽少了一名女科学家,但多了一个能让女孩子们更开心的、美的经营者。

就像当年没想到闺蜜会陷进包的陷阱、以卖包为人生新目标一样,我也没想到,Kate,有一天,会出一本关于包的书。这件事,似乎应该由我这种从小买包败家、永远不嫌自己包多的女人来干才对。但理工科女人,比我这种满脑子天上人间、男欢女爱、唐诗宋词、缠缠绵绵的文科生,到底更多一份扎扎实实和麻利干脆。

其实闺蜜从小就是文字很好的理科生。小时候,我们曾经一起喜欢文学;四十以后,我们又不约而同一起喜欢艺术。

期待每个读到这本书的朋友和我一样,从 Kate 的文字里,不仅看到包和品牌,还有设计和故事,思考和态度。

真实的人生,永远比小说和电影更精彩、更意外。你身边总有一些朋友,可以出人意料地做成一些事。而女人之间的情谊,大概就和女人与包的情谊一样,旧款难舍,新款也爱,每一段时光都难忘。就像每一个曾经用过的包，记录了我们的青春、成长、蹉跎，岁月里点点滴滴的不舍、心疼、珍爱与快乐。

晓雪 现任赫斯特集团首席品牌官，ELLE CHINA 编辑总监。多次入选 BOF（The Business of Fashion）评选的全球时尚行业最具影响力人物榜单，中国时尚产业领军人物。出版有畅销书《优雅》。

后记　中国手袋十年间（2008—2018）

三里屯是北京的潮人聚集地。太古里购物中心现代感极强的不规则线条和动态用色，与马路对面三里屯 SOHO 一幢幢大厦的彩色玻璃遥相呼应，是时髦人拍照的绝好背景。在这里你能看到最 in 的穿搭、抢不到的新款球鞋、卖断货的设计师包包。我们公司办公室就选在这里，下楼拍个 OOTD（outfit of the day，今日搭配）非常方便。

今非昔比，十年前的三里屯完全不一样。由于临近使馆区，这里有北京最早的酒吧街。虽然听起来有点洋气，但当年的酒吧简陋而嘈杂，门口站满招揽顾客的男青年，颇具太平洋岛国小歌厅的风范。

对 GDP 每年增长 8% 的中国来说，十年间的变化可谓翻天覆地。2008 年，我从美国德勤咨询辞职，创立凯特周设计师精品店并担任买手。那时国内还没有小众设计师手袋这个概念，我们是第一家专注于此领域的精品店。从创建之初的两三个品牌到现在的几十个品牌，从一家 showroom 到现在的八家专卖店、两个 showroom 和一个物流中心，进步虽不算日新月异，却也激动人心。

然而更加激动人心的是这些年来中国时尚女性的进步。她们凭借如饥似渴的求知欲和锲而不舍的实践精神，仅用十年就磨练出成熟的时尚品位和老练的购物眼光。佐以发达的咨询、丰富的渠道、坚挺的人民币，中国的时尚女性已成为世界上最强大和最受重视的消费群体。

2008 年，我在北京经常乘坐地铁 13 号线，记得车厢里的包包看起来疲惫邋遢，质地粗糙。我感到有些绝望，中国女性的时尚品位和购物水准如此低下，开拓设计师市场该有多么艰难。当然我会用光脚岛的故事鼓励自己——岛上的人最初不知鞋为何物，可是他们一旦体验到穿鞋的好处，每个人都会买鞋穿。十年后的北京，"光脚岛"上的人果然都穿上了鞋。今天无论我乘坐哪一路地铁，车厢里包包的款式和品质都与纽约和巴黎的不相上下。

2008 年，北京街头随处可见大牌假货，LV、Gucci、Chanel、Prada，品质拙劣到令人难过。2018 年，这种粗制滥造的包包已难觅踪影。虽然仿冒产品依旧猖獗，但品质早已大幅度提高，必须仔细查看方可辨别真伪。现在路人判断一只 Chanel 包包是不是真品只能凭借主人的装扮和气质。

2008 年，我和时尚杂志编辑聊小众设计师。一位编辑说："你们代理的这些设计师品牌毫无名气，谁会买啊？" 2018 年，小众设计师不但是时尚编辑和博主的宠儿，也是广大时髦女性的最爱。

2008 年，我和一位风险投资人聊小众设计师。他说："我太太只背LV。" 2018 年，我猜他太太极有可能不但拥有 Louis Vuitton 之外的其他奢侈品牌包包，也拥有小众设计师包包。

十年间，中国女性的手袋消费观发生了翻天覆地的变化。买什么，怎么买，买多少，花多少钱买——对于这些问题，2008 年的中国女性关注什么，2018 年的中国女性关注什么，我们不妨来回顾一下。

2008 年：这款不知是啥牌子的包包居然要四千多块？再加点钱我就可以买只 LV 入门款了。

2018 年：我为什么要买 LV？

买手评论：如今当中国女性消费者预算几千元买一款高品质的手袋时，奢侈品牌不再是她们唯一的选择。在 40 岁以下的消费者中，轻奢品牌和设计师品牌已超过奢侈品牌，成为很多女性的首选，拥有独立审美品位的女性更加青睐小众设计师品牌。

2008 年：包包上没有 logo 怎么显示档次？

2018 年：这只包包款式美、品质好，又看不出是什么牌子的，真是太棒啦！

买手评论：用手袋显示身份和地位的时代早已过去。对当今的中国女性来说，手袋是用来彰显品位和个性、表达审美和心情的。其实欧美女性也经历过非常相似的历程。许多奢侈品牌在过去十年里进行去 logo 化改革，就是为了顺应这种全球范围内的手袋消费观的改变。自己的包包得到别人的称赞却不能被认出品牌，是很多时尚女性引以为荣的成就。

2008 年：仿品（假货）便宜多了，我为啥要买正品？

2018 年：当然要买正品。一分钱一分货，而且买假货多丢脸啊！

买手评论：如果说中国女性的手袋消费依旧有跟身份相关的因素，那么一定是"我只买正品，因为我买得起正品"。假货不是做得像不像的问题，也不是价格的问题，而是品位和法律的问题。随着知识产权观念的深入，越来越多的消费者不但抵制假货，也反对品牌的抄袭行为。很多受教育程度比较高的消费者，比如我们的顾客，在购买手袋时完全不会考虑假货。

2008 年：我不能接受包包的价格超过五百元。

2018 年：包包比衣服和鞋子价格高很正常。我认为花两千元买一只包包是非常合理的。

买手评论：过去十年里，中国女性对手袋品质的要求大大提升。她们认识到品质，包括材料的质感和做工的精美程度，对于一款手袋至关重要，也了解品质达到期待值的真皮手袋的定价很难低于千元。同时，一只包包提升一身装束的观点被消费者普遍接受。拜混搭风所赐，很多时尚女性的标准穿搭是快时尚服装、潮牌鞋子加小众设计师包包。

2008 年：我添置几只包包才够用，三只还是五只？

2018 年：我的包柜装不下这么多包包了，愁死人！

买手评论：现在已经没人提起包包是不是够用的问题了。就像女人拥有一柜子衣服却永远少一件，她们拥有一柜子包包也永远少一只。手袋和服装一样，流行永远在演进，季节永远在更新。购买包包的理由不再是简单直白的"需要"，而是百般诱惑的"想要"。一年四季，每季添一只包包正在成为中国时尚女性购买手袋的标准节奏。

2008 年: 包包用旧了怎么办?

2018 年: 我有很多包包, 并且每年添置新款。由于我经常换包, 每只包包被用到的时间并不多, 所以我的包包似乎永远不会旧。

买手评论: 以前消费者购买一只包包, 希望能够天天用、四季用, 因此非常介意包包的耐用性。现在消费者根据衣着、季节和场合搭配包包, 每年会用很多只包包, 手提包、斜挎包、双肩包、晚装包、购物包、瑜伽包, 大大小小, 正式休闲, 各有各的用途和场景。消费者依旧重视包包的品质, 会认真保护和收藏自己的包包, 但并不会太介意包包被用旧。

2008 年: 为什么美国品牌的包包是中国制造的?

2018 年: 国际品牌手袋在中国制造很正常, 只要品质好就无所谓。

买手评论: 随着中国制造业水平的整体提升, "Made in China" 早已不是质量低劣的代名词。很多消费者知道, 中国箱包制造行业设备先进、流程完善、工艺过硬、质检严格, 并拥有大批训练有素的专业人员。Coach、Michael Kors、Rebecca Minkoff、kate spade、Tory Burch、ZAC Zac Posen、MZ Wallace 等很多品牌都选择在中国制造。虽然 "Made in Italy" 和 "Made in France" 依旧在消费者中享有盛誉, 但这种推崇主要是出于人们对欧洲传统文化和工艺的珍视, 而不是对高品质的期许。

2008 年: 只有真皮的包包才是高档的。

2018 年: 高档包包什么材质的都有哦。

买手评论: 十年前在凯特周专卖店, 顾客问的第一句话十有八九是

"这款包包是真皮的吗？"，这是因为当时消费者认为只有真皮包包才值两三千元。现在消费者认识到包包的材质多种多样，每种材质都有各种品质的选择，都可以很精致和高档。真皮毕竟有一定的局限性，比如尼龙的轻盈质感和帆布的休闲气质是真皮无法取代的。2018年夏天流行的草编包包和透明塑料包包，很多品牌的款式定价都在千元之上，但似乎并没有消费者抱怨不值。

2008年：尼龙包还要两千多，疯了！

2018年：上好的尼龙包可真不比真皮包包便宜。

买手评论：1985年，Prada推出尼龙包，售价与Prada真皮包包相差无几。最初的震撼过去之后，这款黑色的双肩包迅速成为时髦人士的标志，也帮助缪西娅·普拉达成为最有影响力的设计师之一。如果说西方消费者非常顺利地接受了高价位尼龙包，中国消费者的接受力则有过之而无不及，很快学会欣赏高品质尼龙轻盈和奢华并举的优秀质感。比如专注于尼龙包的纽约设计师品牌MZ Wallace，其Bedford尼龙由设计师自行研发，和奢侈品牌相比手感更加柔软，却非常结实耐磨，两三千元的价位已被消费者完全认同。

2008年：漆皮是塑料吗？会不会不显档次？

2018年：漆皮是特殊而有趣的材质，漆皮包包当然要收藏一只。

买手评论：十年前消费者特别重视真皮这件事。塑料是真皮的反义词，是不值钱的，万万不可花几千元购买。现在消费者的皮革知识

302

非常丰富，不但了解漆皮不是塑料，而是在皮革上加了一层光亮的透明涂料，并且了解漆皮有很多种类，包括牛皮漆皮、羊皮漆皮、蛇皮漆皮，甚至还有鳄鱼皮漆皮。漆皮既防水又不用打理，保存的时候放在防尘袋里即可。

2008年：麂皮是什么皮？

2018年：麂皮夹克、麂皮鞋和麂皮包包我都有，因为我喜欢麂皮独有的既奢华又休闲的感觉。

买手评论：这不是一个可笑的问题，当真曾经有很多顾客疑惑麂皮到底是什么动物的皮。现在大家都知道麂皮其实是反皮的俗称，也就是牛皮或者羊皮的反面，它如织物一样柔软，和正常皮革的质感完全不同。麂皮作为经典包包材质被设计师广泛使用，每隔三五年也会不同程度地流行一下。麂皮包包和漆皮包包一样，是时尚女性手袋收藏里不可缺少的单品。

2008年：包包我只有黑色和棕色的，其他颜色恐怕不好搭吧？

2018年：黑色和棕色的包包我已经有很多了，如果再选这两个颜色，一定要质感绝佳，衬里最好是亮色的。今春流行的青草绿色非常漂亮，我正好还没有这个颜色，一定要买一只。

买手评论：中国女性对色彩的接受速度之快是我作为买手始料不及的。现在的中国女性对彩色包包不仅仅是愿意尝试，而是偏爱有加。红色和粉色是中国女性的最爱，蓝色、绿色、黄色、紫色随流行和季节变化各领风骚，而黑色和棕色在小包包里几乎成了滞销色。

2008 年：这个淡紫色太嫩了吧？我还是尝试下浅灰色吧。

2018 年：我要马卡龙粉、灰粉、玫粉、桃粉、荧光粉！

买手评论：或许是出于少女情结，中国女性对粉色情有独钟。五十度粉色，中国女性对每一度都有自己的品位。为此，视中国女性为消费主力的国际品牌纷纷把粉色作为经典色，一年四季皆有供给。春天是樱花粉，夏天是蜜桃粉，秋天是木槿粉，冬天是荧光粉。

2008 年：我身高 158，背这只包包会不会显矮啊？

2018 年：我看过小个子博主的街拍，她们背各种款式的效果和感觉我早就心里有数啦！

买手评论：我不得不钦佩中国女性的时尚品位和购物经验。我们的多数顾客非常了解自己的身材和喜好，知道自己背什么包好看，以及怎么背好看。她们关注和自己身材、喜好相近的明星和博主，从她们的搭配中得到灵感和启发，勇于试错，积极改进。中国女性不愧是世界上最好学的手袋消费者群体之一。

2008 年：我到底选哪个颜色啊？

2018 年：Olivia Palermo 的湖蓝色秒杀我，就选这个颜色了！

买手评论：虽然现在的中国女性对颜色有成熟的品位，时尚博主的影响力无论如何也不可低估。中国女性喜欢用"种草"这个词，意思就是对某件商品产生购买欲。时尚博主个个都是播种机，博主同款替很多中国女性省去了颜色选择的纠结。

2008 年：我要给我妈妈选一款适合中老年人用的包包，款式不能太年轻哦。

2018 年：我刚买的 Rebecca Minkoff Mini MAC 被老妈抢走了，呜呜呜！

买手评论：中国 20 岁至 35 岁的年轻女性是时尚手袋消费的主力军。她们中的一部分不但自己积极学习和进步，也带动妈妈一起学习和进步。很多 50 岁以上的女性虽然年轻时没有接受过时尚熏陶，但是现在有时间也有经济条件好好打扮自己。她们的穿着不局限于中老年服饰，不惧怕展示个性，在我看来，这些女性是尚待开发的手袋消费群体，潜力巨大。

2008 年：这款包包好不好打理？脏了怎么办，被雨淋湿了怎么办？

2018 年：护理包包非常简单，常规皮革自然不在话下，我也知道如何清洁不耐脏的麂皮包包。

买手评论：中国女性舍得花钱买护肤品是全世界出名的。如果说中国女性个个是护肤专家，现在她们也把护肤知识用在自己的包包上，毕竟真皮包包出自动物的皮革。皮革清洁护理剂是时尚女性的必备产品，她们为包包做清洁护理就像在自己脸上涂润肤霜一样轻松自如。她们不再为用脏包包而焦虑，如果实在需要翻新就把包包送到皮具护理店。

写到这里我想，中国手袋的下一个十年将会怎样？

我相信中国时尚女性的审美会更加自信，品味会更加多样化。在未来的十年里，中国中产阶级对高品质生活的追求，将从表面的精致奢华沉淀到对个人的深刻认同和欣赏。中国女性将不再过于纠结脸上的皱纹和不尽完美的身材，而更加重视个性和价值观的伸张。我想象手袋将作为一种伸张的手段伴随中国女性继续进步。

在下一个十年里，我认为自己还将看到中国手袋设计师的大规模崛起。十年前中国手袋设计师基本仅限于民族风。而近几年具有国际审美和专业技能的中国手袋设计师逐渐崭露头角——泽尚、Incomplete、IAMNOT、RFactory 等设计师品牌，创新力和竞争力之强大令人振奋。

我对下一个十年充满期待。

Charlotte Chen／绘

周迅的 Chanel Boy Brick Clutch

IAMNOT Block Handbag

| ZAC Zac Posen Demi Crossbody（图片由 @T-Toughcookie 提供）

图书在版编目(CIP)数据

我爱手袋 /（美）包小姐（Kate Zhou）著. -- 广州：花城出版社，2020.1

ISBN 978-7-5360-9062-0

Ⅰ. ①我… Ⅱ. ①包… Ⅲ. ①包袋－介绍－世界 Ⅳ. ①TS941.75

中国版本图书馆CIP数据核字(2019)第249169号

出 版 人：肖延兵

责任编辑：郑秋清　谢　蔚

特邀编辑：高　云

技术编辑：薛伟民　凌春梅

封面设计：尚燕平

书　　名	我爱手袋
	WO AI SHOUDAI
出　　版	花城出版社
	（广州市环市东路水荫路 11 号）
发　　行	新经典发行有限公司
经　　销	全国新华书店
印　　刷	山东鸿君杰文化发展有限公司
开　　本	880 毫米 ×1250 毫米　32 开
印　　张	10
字　　数	218,000 字
版　　次	2020 年 1 月第 1 版　2020 年 1 月第 1 次印刷
定　　价	68.00 元